DGQ
Prüfmittelmanagement

DGQ-Band 13-61

PRÜFMITTELMANAGEMENT

ausgearbeitet unter der Leitung der
Deutschen Gesellschaft für Qualität e.V. (DGQ)
August-Schanz-Straße 21 A, D-60433 Frankfurt am Main

HANSER

Haftungsausschluss

DGQ-Bände sind Empfehlungen, die jedermann frei zur Anwendung stehen. Wer sie anwendet, hat für die richtige Anwendung im konkreten Fall Sorge zu tragen. Die DGQ-Bände berücksichtigen den zum Zeitpunkt der jeweiligen Ausgabe herrschenden Stand der Technik. Durch das Anwenden der DGQ-Empfehlungen entzieht sich niemand der Verantwortung für sein eigenes Handeln. Jeder handelt insoweit auf eigene Gefahr. Eine Haftung der DGQ und derjenigen, die an der DGQ-Empfehlung beteiligt sind, ist ausgeschlossen. Jeder wird gebeten, wenn er bei der Anwendung der DGQ-Empfehlungen auf Unrichtigkeiten oder die Möglichkeit einer unrichtigen Auslegung stößt, dies der DGQ umgehend mitzuteilen, damit etwaige Fehler beseitigt werden können.

Bibliografische Information der Deutschen Nationalbibliothek
Die Deutsche Nationalbibliothek verzeichnet diese Publikation in der Deutschen Nationalbibliografie; detaillierte bibliografische Daten sind im Internet über <http://dnb.d-nb.de> abrufbar.

Dieses Werk ist urheberrechtlich geschützt.
Alle Rechte, auch die der Übersetzung, des Nachdrucks und der Vervielfältigung des Buches, oder Teilen daraus, sind vorbehalten. Kein Teil des Werkes darf ohne schriftliche Genehmigung des Verlages in irgendeiner Form (Fotokopie, Mikrofilm oder ein anderes Verfahren), auch nicht für Zwecke der Unterrichtsgestaltung, reproduziert oder unter Verwendung elektronischer Systeme verarbeitet, vervielfältigt oder verbreitet werden.

© 2015 Carl Hanser Verlag München
http://www.hanser-fachbuch.de

Herausgeber: Deutsche Gesellschaft für Qualität e.V. (DGQ)
Lektorat: Lisa Hoffmann-Bäuml
Herstellung: Thomas Gerhardy
Umschlaggestaltung: Stephan Rönigk
Satz: Kösel Media GmbH, Krugzell
Druck & Bindung: Hubert & Co, Göttingen
Printed in Germany

ISBN 978-3-446-44264-1
E-Book ISBN 978-3-446-44293-1

Vorwort

Korrekte Mess- und Prüfergebnisse sind die Grundlage jeder Qualitätssicherung! Doch jede Messung und jede Kalibrierung kosten Zeit und Geld. Die Schwierigkeit besteht darin, das richtige Maß zwischen Kundenanforderungen und möglichst niedrigem Risikopotenzial einerseits und Kosten-Nutzenrechnung andererseits, zu finden. Stets das richtige Prüfmittel zur richtigen Zeit, korrekt kalibriert, am richtigen Ort parat zu haben, ist zudem eine logistische Herausforderung. Diese komplexen und vielfältigen Anforderungen können nur erfolgreich bewältigt werden, wenn ein adäquates Prüfmittelmanagement eingeführt wird.

Dieses Buch führt in den prozessorientierten Ansatz des Prüfmittelmanagements ein. Es soll dem Leser helfen, geeignete Prozesse für die Planung, Verwaltung, Überwachung und Kalibrierung von Prüfmitteln für die Entwicklung und Produktion zu entwerfen. Um den Entscheidungsspielraum, den die ISO 9001 lässt, richtig ausschöpfen zu können, werden die Standard-Methoden GUM, MSA und VDA 5 ausführlich erläutert.

Damit richtet sich das Buch zum einen an Prüfmittelmanager, die die Prüfmittelüberwachung gestalten, die notwendigen Verfahren festlegen und die Überwachung selbst durchführen. Es richtet sich zum anderen an Prüfplaner, die Verfahren im Prüf- und Auswertungsprozess auswählen und die Ergebnisse analysieren, verstehen und Schlüsse daraus ziehen.

Dieses Fachbuch basiert auf dem DGQ-Band 13-61 „Prüfmittelmanagement" der DGQ-AG 136. Für diese vollständige Neuauflage als Hanser-Fachbuch wurde das Manuskript von Autoren, die als DGQ-Trainer für Prüfmittelmanagement und statistische Methoden ausgewiesene Experten zu diesem Thema sind, grundlegend überarbeitet. Neben den Autoren

- Herrn Achim Kistner, Kistner Metrologie GmbH, Boxberg-Unterschüpf und

- Herrn Bertram Schäfer, STATCON, Witzenhausen

gilt ein großer Dank folgenden Personen, die an dieser Überarbeitung mitgewirkt oder wichtige Teile dazu beigetragen haben:

- Herrn Dr.-Ing. Edgar Dietrich, Q-DAS, Weinheim,
- Herrn Dr. Ulrich Fiege, STATCON, Witzenhausen,
- Frau Hildegard Pauler-Beckermann, Konstruktion + Unternehmensberatung, Bielefeld,
- Frau Ulrike Urban-Kreitewolf, Kreitewolf Messtechnik, Hilchenbach und
- Herrn Manfred Weidemann, Quality Office, Eggenstein.

Frankfurt, im Juli 2015
Udo Hansen

Inhalt

Einleitung XIII

Teil I Normenforderungen an das Prüfmittelmanagement und deren Umsetzung 1

1 Grundlagen 3
    1.1 Prüfmittelmanagement in der ISO 9000 und ISO 9001   3
    1.2 Prüfmittel, Messmittel, Überwachungsmittel? 5
    1.3 Fazit 7
    1.4 Literatur 7

2 Umsetzung des Prozessansatzes der ISO 9001 für Prüfprozesse 9
    2.1 Forderungen der ISO 9001 9
    2.2 Planen und Einführen der Prüfprozesse 17
    2.3 Fazit 31
    2.4 Literatur 32

3 Lenkung von Prüf- und Messmitteln nach ISO 9001 – Verwaltung und Überwachung 33
    3.1 Forderungen der ISO 9001 33
    3.2 Identifizierung von Mess- und Prüfmitteln 34
    3.3 Festlegung der Nummernkreise 35
    3.4 Stammdaten für jedes Prüfmittel 36
    3.5 Prüfmittelüberwachung 38
        3.5.1 Überwachung 38

		3.5.2	Kalibrierung	40
		3.5.3	Einige Kalibrierprozesse	56
		3.5.4	Bewertung von Kalibrierergebnissen	61
		3.5.5	Kalibrierschein	62
	3.6	Fazit		66
	3.7	Literatur		66

4 Forderungen anderer Normen an das Prüfmittelmanagement ... 69

	4.1	DIN 32937:2006-07 Mess- und Prüfmittelüberwachung	72
	4.2	DIN ISO EN 10012 Messmanagementsysteme	73
	4.3	Forderungen an Prüfmittel	74
	4.4	Literatur	79

Teil II Standard-Methoden zur Messunsicherheitsanalyse, Messsystemanalyse und Prüfprozesseignung ... 83

Literatur ... 86

5 Messunsicherheitsanalyse nach GUM ... 87

	5.1	Messunsicherheit		89
	5.2	GUM schrittweise		91
		5.2.1	Schritt 1: Festlegung der Messgröße, Beschreibung der Messaufgabe	92
		5.2.2	Schritt 2: Ermittlung und Benennung aller Einflüsse, die Auswirkung auf das Messergebnis haben	92
		5.2.3	Schritt 3: Ermittlung der Standardunsicherheit	94
		5.2.4	Schritt 4: Ermittlung der kombinierten Standardunsicherheit	106
		5.2.5	Schritt 5: Ermittlung der erweiterten Unsicherheit	107
	5.3	Dokumentation		110
		5.3.1	Erstellen eines Unsicherheitsbudgets	110
		5.3.2	Darstellung des Ergebnisses	111
	5.4	Fazit		113
	5.5	Literatur		113

6	**Messsystemanalyse (MSA)**	**115**
	6.1 Auswahl eines Messgeräts mit hinreichender Auflösung	119
	6.2 Auswahl eines geeigneten Normals oder Referenzteils	120
	6.3 Verfahren 1 (Messsystem)	121
	6.4 Verfahren 2 (für Messprozesse mit Bedienereinfluss)	129
	6.4.1 Schritt 1: Auswahl der Prüfobjekte und der Prüfer	131
	6.4.2 Schritt 2: Vorbereitende Dokumentation	132
	6.4.3 Schritt 3: Durchführung der Messungen des ersten Prüfers	132
	6.4.4 Schritt 4: Durchführung der Messungen weiterer Prüfer	132
	6.4.5 Schritt 5: Überprüfung der Teileauswahl	133
	6.4.6 Schritt 6: Berechnung von Mittelwerten	134
	6.4.7 Schritt 7: Berechnung der Varianzen von Teilsummen	135
	6.4.8 Schritt 8: F-Test	135
	6.4.9 Schritt 9: Schätzung der Kennwerte EV, AV, PV, IA und TV	136
	6.4.10 Schritt 10: Berechnung der Streuung des Messsystems (Kennwert GRR)	138
	6.4.11 Schritt 11: Beurteilung der Fähigkeit	138
	6.4.12 Schritt 12: Berechnung der Anzahl unterscheidbarer Bereiche im Messprozess	140
	6.4.13 Die relative Bedeutung der Kenngrößen EV, AV, IA und PV	141
	6.4.14 Der Beitrag der Streuungskomponenten zur Gesamtvarianz	141
	6.5 Verfahren 3 (für Messprozesse ohne Bedienereinfluss)	142
	6.6 Vorgehen bei „nicht fähigen Messsystemen"	142
	6.7 Verfahren 4 (Linearitätsstudie)	144
	6.8 Verfahren 5 (fortlaufende Überwachung der Messbeständigkeit)	147
	6.9 Verfahren 6: Attributive Messsystemanalyse	149
	6.9.1 Lehren	149

		6.9.2	Erfassung der Ergebnisse	150
		6.9.3	Methoden der Datenanalyse	151
	6.10	Fazit		153
	6.11	Literatur		154

7 Prüfprozesseignung nach VDA 5 155

    7.1 Messunsicherheit an den Spezifikationsgrenzen (DIN EN ISO 14253-1) 161
    7.2 Einflüsse auf die Unsicherheit beim Messen 163
        7.2.1 Systematische Messabweichung (Genauigkeit, Bias) 163
        7.2.2 Wiederholpräzision (Messgerätestreuung) 164
        7.2.3 Vergleichspräzision (Bedienerstreuung) 165
        7.2.4 Zeitabhängige Streuung (Stabilität, Messbeständigkeit) 166
        7.2.5 Linearität (Streuung im Messbereich) 166
    7.3 Eignungsprüfung von Messprozessen 168
        7.3.1 Standardunsicherheiten, Standardmessunsicherheiten $u(x_i)$ 169
        7.3.2 Kombinierte Standardunsicherheit $u(y)$ 171
        7.3.3 Erweiterte Messunsicherheit U 173
        7.3.4 Unsicherheitsbudget 174
        7.3.5 Eignungskennwerte und deren Grenzwerte 175
        7.3.6 Kleinste prüfbare Toleranz 177
        7.3.7 Lineare Berücksichtigung an den Toleranzgrenzen 177
        7.3.8 Langzeitbetrachtung und laufende Überprüfung 178
    7.4 Eignungsnachweis bei attributiven Prüfmitteln 179
        7.4.1 Umgang mit nicht geeigneten Messsystemen und -prozessen 179
        7.4.2 Firmeninterne Vorgehensweise 179
    7.5 Besondere Prüfprozesse 180
        7.5.1 Kleine Toleranzen oder Geometrieelemente 180
        7.5.2 Sonderfälle 180
    7.6 Fazit 181

7.7 Exkurs: Messunsicherheitsbetrachtungen in der
Inline-Messtechnik (VDA 5.1) 182
    7.7.1 Ermittlung der Messsystem- und
           Messprozesseignung 183
    7.7.2 Praxisorientierte Erklärungen 188
7.8 Literatur 189

Literatur **191**

Index **195**

Einleitung

Aufgaben des Prüfmittelmanagements

Ein modernes Prüfmittelmanagement ist heute an verschiedene Funktionen des Qualitätsmanagements angebunden. Waren früher die Verwaltung, Überwachung und Kalibrierung der Prüfmittel das zentrale Thema der Prüfmittelüberwachung, ist heute der Funktionsbereich Metrologie bereits in der Entwicklungsphase gefragt, wenn Fertigungsprozesse und Prüfprozesse geplant werden. Genauigkeiten von Messeinrichtungen, erzielbare Messunsicherheiten von Prüfprozessen und die Feststellung deren Eignung gehören zum Verantwortungsbereich.

Ziel und Aufbau dieses Buches

Dieses Buch orientiert sich an den Forderungen der ISO 9001[*] und spricht die Grundlagen aller Bereiche des Prüfmittelmanagements an. Es wendet sich an Leser, denen das Qualitätsmanagement nach der ISO 9001 und der darin beschriebene Prozessansatz nicht fremd sind, und möchte zum Verständnis der einzelnen Aufgaben und Arbeitsschritte beitragen. Es gibt zurzeit keine einheitliche Lösung für diese Aufgabenstellung, die für den gesamten Bereich der Metrologie und der Messtechnik Geltung besitzt.

Das Buch soll Hinweise geben, wo weitergehende Informationen zu finden sind, um einzelne Fragestellungen vertiefen zu können. Über das

---

[*] Dieses Buch berücksichtigt alle Änderungen der Revision von 2015, die von der DGQ intensiv begleitet wurde. Korrekterweise wird hier aus den offiziell als „draft international standard" herausgegebenen DIN EN ISO 9001 Entwurf:2014-08 und DIN EN ISO 9000 Entwurf:2014-08 zitiert, die zum Zeitpunkt der Drucklegung die aktuellste offiziell veröffentlichte Version waren.

Einleitung

Basiswissen zur Verwaltung, Überwachung und Kalibrierung von Prüfmitteln hinaus wird den Themen Messunsicherheit, Prüfprozesseignung und Messmittelfähigkeit viel Platz eingeräumt.

Bild 1 veranschaulicht die Agenda dieses Buches. Normenforderungen an das Prüfmittelmanagement und deren fachgerechte Umsetzung sind Gegenstand von Teil I, dessen Kern die Kapitel 2 und 3 mit der Darstellung von Vorgehensweisen zur Verwaltung und Überwachung von Prüfmitteln und Prüfprozessen bilden. Ausführliche Hinweise auf den aktuellen Normenhintergrund des Prüfmittelmanagements liefern vor allem die Kapitel 1 und 4.

Die ISO 9000 fordert „geeignete Prozesse" zur Erfüllung von Kundenanforderungen und Erreichung von Qualitätszielen. Deshalb werden in dem Teil II dieses Buches „Standard-Methoden zur Messunsicherheitsanalyse, Messsystemanalyse und Prüfprozesseignung" vorgestellt und erläutert.

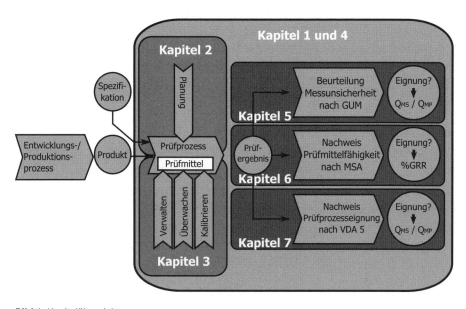

Bild 1 Kapitelübersicht

Teil I

Normenforderungen an das Prüfmittelmanagement und deren Umsetzung

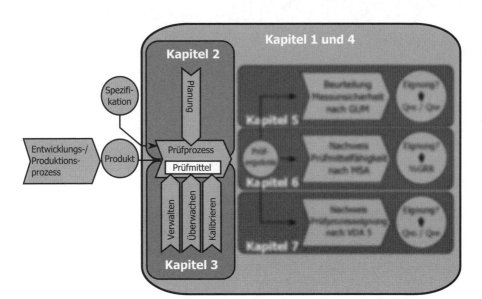

Übersicht Teil I

Der Leitgedanke dieses Teils ist die Frage: *Wie muss ich meine Prüfmittel organisieren und Prüfprozesse steuern, damit diese den Normenforderungen entsprechen?*

Nach einer Einführung in die normativen und begrifflichen Grundlagen des Prüfmittelmanagements (Kapitel 1) wird zunächst die Umsetzung des Prozessansatzes der ISO 9001 bei der Entwicklung und bei der Planung von Prüfprozessen erläutert (Kapitel 2). Danach folgt eine Einführung in die Verwaltung und Überwachung von Prüf- und Messmitteln nach ISO 9001 (Kapitel 3). Teil I schließt mit einer Zusammenstellung von Normenforderungen, die eine zentrale Bedeutung für das Prüfmittelmanagement besitzen (Kapitel 4).

1 Grundlagen

1.1 Prüfmittelmanagement in der ISO 9000 und ISO 9001

Dieses Buch orientiert sich im Grundsatz an den Normen ISO 9000 und ISO 9001. Diese Normenreihe ist nach wie vor die Basis für angewandte Qualitätsmanagementsysteme. Inzwischen gibt es zwar für eine Reihe von Branchen Richtlinien, Anforderungen, Erweiterungen und Vertiefungen, die über die Anforderungen der ISO 9000 hinausgehen. Die Grundlage für all diese spezifischen Anforderungen bilden allerdings nach wie vor die ISO 9000 und die ISO 9001. Dieses Buch bezieht sich auf die Fassungen der ISO 9000 und 9001 der Revision von 2015, die zum Zeitpunkt der Drucklegung erst im FDIS-Status (final draft international standard) vorlag.

Die DIN EN ISO 9000 beschreibt die Grundlagen für Qualitätsmanagementsysteme und legt die Terminologie für Qualitätsmanagementsysteme fest. Sie hat weiterhin die Absicht, die Übernahme des prozessorientierten Ansatzes zum Leiten und Lenken einer Organisation anzuregen. Prüf-, Mess- und Überwachungsprozesse sind in diesen prozessorientierten Ansatz einzubeziehen.

In der ISO 9000 wird unter 3.5.7 der Begriff **Messmanagementsystem** verwendet:

Messmanagementsystem (Definition nach ISO 9000)

„Satz von in Wechselbeziehung oder Wechselwirkung stehenden Elementen, der zur Erzielung der metrologischen Bestätigung (3.5.6) und zur ständigen Überwachung von Messprozessen (3.11.5) erforderlich ist."

Metrologie

Metrologie ist die Lehre von Maßen und Maßsystemen (Wissenschaft vom Messen und ihre Anwendung).

Die ISO 9001 beschreibt die Anforderungen an ein Qualitätsmanagementsystem. Dazu muss die Organisation bereits in der Planung der Produktrealisierung die erforderlichen produktspezifischen Verifizierungs-, Validierungs-, Überwachungs-, Mess- und Prüftätigkeiten sowie die Produktannahmekriterien festlegen. Das bedeutet:

- In der *Entwicklungsphase* müssen Annahmekriterien für das Produkt und die Merkmale festgelegt werden, die für den Gebrauch wesentlich sind.

- Bei der *Beschaffung* müssen Art und Umfang der auf den Lieferanten und das beschaffte Produkt angewandten Überwachung vom Einfluss des beschafften Produkts auf die nachfolgende Produktrealisierung oder auf das Endprodukt abhängen.

- Bei der *Lenkung der Produktion* müssen die Verfügbarkeit und der Gebrauch von Überwachungs- und Messmitteln sowie die Verwirklichung von Überwachungen und Messungen sichergestellt werden.

Die Forderung nach Vereinbarkeit der angewendeten Prozesse mit den aufgestellten Anforderungen führt in den Themenkreis Eignung der Prüfprozesse. Dieser wird im Teil II dieses Buches betrachtet.

■ 1.2 Prüfmittel, Messmittel, Überwachungsmittel?

Im Laufe der Weiterentwicklung der ISO 9000 ist es zur Verwendung von Begriffen gekommen, die zumindest im deutschen Sprachgebrauch Verwirrung stiften können. Der Begriff Überwachungsmittel wurde hier neu eingeführt und hat keine aus der Tradition kommende Entsprechung. Auch internationale messtechnische Normen kennen diesen Begriff nicht. Die Begriffe Messung und Messmittel sind am klarsten geregelt.

Messung

Nach DIN 1319-1, Abs. 2.1 bedeutet Messung das *„Ausführen geplanter Tätigkeiten zum quantitativen Vergleich der Messgröße mit einer Maßeinheit"*.

Messmittel

Messmittel sind nach ISO 9000, Abs. 3.11.6 *„Messgerät, Software, Messnormal, Referenzmaterial oder apparative Hilfsmittel oder eine Kombination davon, wie sie zur Realisierung eines Messprozesses erforderlich sind"*.

Prüfung

Für den Begriff Prüfung gibt es in der deutschen Normung verschiedene Definitionen. Die Übersetzung des englischen Wortes „inspection" in der ISO 9000, Abs. 3.11.7 lautet: *„Bestimmung (3.11.1) der Konformität (3.6.11) mit festgelegten Anforderungen (3.6.4), Konformitätsbewertung durch Beobachten und Beurteilen, begleitet – soweit zutreffend – durch Messen, Testen oder Vergleichen"*.

Prüfmittel

Prüfmittel – equipment for inspection, measuring and testing – kann definiert werden als „Messeinrichtungen für Qualitätsprüfungen" (DGQ 2012).

Prüfung und Messung unterscheiden sich durch die Konformitätsaussage, die bei der Prüfung getroffen wird, bei der Messung nicht. Zwischen Messmittel und Prüfmittel gibt es diese Unterscheidung laut Definition nicht.

Es kann aber sinnvoll sein, dies zu unterscheiden, wenn es um die Feststellung der Kalibrierpflicht geht. Üblicherweise unterliegen Messmittel, die zur Konformitätsbestätigung eingesetzt werden, also Prüfmittel, der Kalibrierpflicht. Messmittel, die nicht für Konformitätsbewertung eingesetzt werden, unterliegen nicht der Kalibrierpflicht.

Allerdings ist die Anzahl der Messprozesse, die nicht zur Bestätigung der Einhaltung von Spezifikationen angewendet werden, relativ gering.

Monitoring

Die Überwachung – monitoring – kann definiert werden als „fortlaufende Ermittlung" (DGQ 2012).

Diese Überwachung kann sich auf Prozessparameter beziehen oder auch auf wiederholt stattfindende Konformitätsaussagen.

Der Begriff Überwachungsmittel ist nicht definiert und hat auch sonst keinerlei Bedeutung in der Messtechnik und im Qualitätsmanagement. In diesem Buch werden deshalb ausschließlich die Begriffe Messmittel und Prüfmittel verwendet (Bild 1.1).

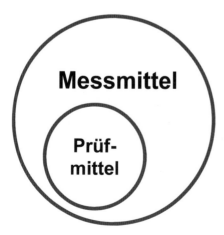

Bild 1.1 Prüf- und Messmittel

1.3 Fazit

ISO 9000 und ISO 9001 sind die Grundlagen für das Prüfmittelmanagement. Betrachtet werden alle Prüfmittel, mit denen die Einhaltung von Spezifikationen (Konformitätsbestätigung) bestätigt wird.

1.4 Literatur

Deutsche Gesellschaft für Qualität e. V. (Hg.) (2012): Managementsysteme – Begriffe. 10. Auflage. Berlin: Beuth (= DGQ-Band 11-04).

DIN 1319-1: Grundlagen der Messtechnik – Teil 1: Grundbegriffe. Ausgabedatum: 1995-01. Berlin: Beuth.

DIN EN ISO 9000*: Qualitätsmanagementsysteme – Grundlagen und Begriffe (ISO 9000:2005); Dreisprachige Fassung EN ISO 9000:2005. Ausgabedatum: 2005-12. Berlin: Beuth.

DIN EN ISO 9000 Entwurf*: Qualitätsmanagementsysteme – Grundlagen und Begriffe. Ausgabedatum: 2014-08. Berlin: Beuth.

DIN EN ISO 9001:2008*: Qualitätsmanagementsysteme – Anforderungen (ISO 9001:2008); Dreisprachige Fassung. Ausgabedatum 2008-12. Berlin: Beuth.

DIN EN ISO 9001 Entwurf*: Qualitätsmanagementsysteme – Anforderungen (ISO 9001:2008); (deutsch/englisch). Ausgabedatum 2014-08. Berlin: Beuth.

---

* Dieses Buch berücksichtigt alle Änderungen der Revision von 2015, die von der DGQ intensiv begleitet wurde. Korrekterweise wird hier aus den offiziell als „draft international standard" herausgegebenen DIN EN ISO 9001 Entwurf:2014-08 und DIN EN ISO 9000 Entwurf:2014-08 zitiert, die zum Zeitpunkt der Drucklegung die aktuellste offiziell veröffentlichte Version waren.

2 Umsetzung des Prozessansatzes der ISO 9001 für Prüfprozesse

■ 2.1 Forderungen der ISO 9001

Die ISO 9001 fordert im Abschnitt 4.4 Qualitätsmanagementsystem und dessen Prozesse, dass eine Organisation entsprechend den Anforderungen dieser internationalen Norm ein Qualitätsmanagementsystem aufbauen, verwirklichen, aufrechterhalten und fortlaufend verbessern muss und dabei die benötigten Prozesse und ihre Wechselwirkungen zu beachten sind. Die für das Qualitätsmanagementsystem nötigen Prozesse sowie deren Anwendung innerhalb der Organisation müssen festgelegt werden. Außerdem müssen *folgende Aspekte bestimmt werden:*

- *„die erforderlichen Eingaben und die erwarteten Ergebnisse dieser Prozesse;*
- *die Abfolge und die Wechselwirkung dieser Prozesse;*
- *Kriterien, Methoden, einschließlich Messungen und zugehörige Leistungsindikatoren, die benötigt werden, um das wirksame Durchführen und Lenken dieser Prozesse sicherzustellen;*
- *die benötigten Ressourcen und die Sicherstellung ihrer Verfügbarkeit;*
- *die Zuweisung von Verantwortungen und Befugnissen für diese Prozesse;*
- *die Risiken und Chancen in Übereinstimmung mit den Anforderungen nach 6.1 und die Planung und Umsetzung geeigneter Maßnahmen, um diese zu berücksichtigen;*

- die Methoden zur Überwachung, Messung und, soweit angemessen, zur Bewertung von Prozessen und, falls benötigt, die Änderungen an Prozessen, um sicherzustellen, dass sie die angestrebten Ergebnisse erzielen;
- Chancen zur Verbesserung der Prozesse und des Qualitätsmanagementsystems.

Die Organisation muss dokumentierte Informationen in einem Umfang aufrechterhalten, der benötigt wird, um die Durchführung der Prozesse zu unterstützen, und muss diese dokumentierten Informationen im notwendigen Umfang aufbewahren, so dass man darauf vertrauen kann, dass die Prozesse wie geplant durchgeführt werden".

Darüber hinaus wird in der ISO 9001 an verschiedenen Stellen der Produktrealisierung auf Prüfprozesse Bezug genommen:

8.1 Betriebliche Planung und Steuerung

Festzulegen sind: Produktannahmekriterien für die Prozesse und für die Annahme von Produkten und Dienstleistungen.

8.4 Kontrolle von extern bereitgestellten Produkten und Dienstleistungen

Die Organisation muss sicherstellen, dass extern bereitgestellte Prozesse, Produkte und Dienstleistungen den festgelegten Anforderungen entsprechen.

8.5 Produktion und Dienstleistungserbringung

8.5.1 Steuerung der Produktion und der Dienstleistungserbringung

Beherrschte Bedingungen enthalten:

c) Überwachungs- und Messtätigkeiten auf den entsprechenden Stufen, um zu verifizieren, dass die Kriterien zur Lenkung von Prozessen und Prozessergebnissen sowie die Annahmekriterien für Produkte und Dienstleistungen erfüllt wurden;

Im Abschnitt **7.1.5 Ressourcen zur Überwachung und Messung** werden schließlich die Anforderungen für ein funktionierendes Prüfmittelmanagement benannt.

Der Prüfprozess folgt dabei dem allgemeinen Prozessmodell. Der Input ist das Produkt, dessen Merkmale gemessen werden. Die Eigenschaften der Messeinrichtungen und aller maßgeblichen Bedingungen sowie deren Veränderungen machen den Prozess aus. Das Ergebnis des Prüfprozesses ist das Prüfergebnis.

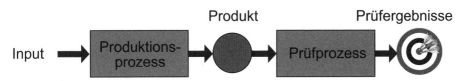

Bild 2.1 Prüfprozess

Die Anforderungen an das Produkt sind festgelegt. Mit dem Prüfprozess wird die Erfüllung dieser Anforderungen geprüft, der Nachweis der Konformität wird geführt.

Der Prüfprozess sollte, einmal festgelegt, transparent und anschaulich dargestellt werden. Ziel dabei ist, allen Beteiligten eine einheitliche Informationsbasis zu vermitteln.

Bild 2.2 bis Bild 2.6 zeigen entsprechende Beispiele.

2 Umsetzung des Prozessansatzes der ISO 9001 für Prüfprozesse

Kistner Metrologie Service GmbH

Handbuch – Waage

Kurzbeschreibung:
Kalibrierung Zylindrische Federwaage

Erstellt für Kunde: alle

1. Kalibrierverfahren

1,1 Messeinrichtung:
--Kraftmessgerät 323-50N   Inv. Nr. KA 05
--Kraftmessgerät 323-200N   Inv. Nr. KA 06
--Taschenmikroskop   Inv. Nr. MI 01
--Lupe   Inv.Nr.XXX
--Stativ für Kraftmessungen Inv. Nr.XXX
--Stativ für Mikroskop   Inv. Nr. XXX

1,2 Kalibrierumfang
--Messabweichung in N (bzw in g) und in % v. Sollwert
--Wiederholpräzision in N (bzw in g) und in % v. Sollwert

1.3 Verfahrensbeschreibung
Kalibrierung wird in Anlehnung des DAkkS-DKD-R 3-3 durchgeführt.
Kalibrierung erfolgt mit QUEEN oder als Alternativ mit Hilfe der Datei
„K:\Kalilab\PM\Federwaa\1_Schablone_Kali FW 25N.xls"
Kraftmessgerät und Taschenmikroskop an Stative anbauen wie in Bild 1 gezeigt. (Es ist zulässig, statt dem Mikrokop eine Lupe zu verwenden)
Kalibrierung wird nach Diagramm Bild 2 durchgeführt. Messpunkte sind: 20% 60% 100% vom Endwert des Messbereichs. Am Anfang der Kalibrierung erfolgt die Vorbelastung mit dem Kraftmessgerät (Gebrauchnormal) und dem Kalibriergegenstand. Die Vorbelastung wird 2 Mal durchgeführt. Die Ablesung des Kraftmessgeräts (Normal) wird ca 10 Sekunden nach Einstellung des KG gemacht. Die Vorbelastungskraft entspricht dem Endwert des Kalibriergegenstandes.

1.4 Messunsicherheit   wird nicht berechnet.

1.5 Kalibrierschein   Dokumentiert wird:
1.5. 1. Messabweichung in N (bzw in g) und in % v. Sollwert
1.5. 2 Wiederholpräzision in N (bzw in g) und in % v. Sollwert
2. Prüfplan   Fehlergrenze ± 3 % v. Sollwert, oder nach Kundenwunsch.

3. Textbausteine   wird in die Dokumentation der XXXXX eingegeben

4. Messunsicherheitsabschätzung

4.1 Mathematisches Modell :

$$\Delta F_{i;KG} = \frac{1}{2} \cdot (F_{i;1}^* + F_{i;2}^* - (F_{0;1}^* + F_{0;2}^*)) - F_{i;Normal} + 2 \otimes \delta r_{KG} + \delta F_{Normal;K} + \delta r_{Normal} + \delta F_t + \delta F_{zer} + \delta F_{rep} + \delta F_{rot} + \delta F_{rev}$$

wobei
$\Delta F_{i;KG}$ Messabweichung des KG in i-Kraftstufe
$F_{i;1}^*; F_{i;2}^*$ Anzeige KG bei i-Kraftstufe bei 1. und 2. Messreihe

Ausgabe	erstellt	geprüft	genehmigt	Kapitel	Seite 1
01 -	von:EL am: 13.07.2015	von: AK am:17.07.2015	von: EL am: 17.07.2015	-	von 3

Bild 2.2 Prüfprozess Federwaage (1)

2.1 Forderungen der ISO 9001

Kistner Metrologie Service GmbH

Handbuch – Waage

$F_{i;Normal}$	Anzeige Gebrauchsnormal bei i-Kraftstufe
δr_{KG}	Auflösung des KG = 1/5 Skt
$\delta F_{Normal;K}$	Messunsicherheit der Kalibrierung des Gebrauchsnormals (GN)
δr_{Normal}	Auflösung des GN = 0,005 N
δF_t	Einfluss des Belastungsgeschwindigkeit, Zeit
δF_{zer}	Nullpunktabweichung
δF_{rep}	Wiederholpräzision
δF_{rot}	Vergleichpräzision, Rotationsabweichung
δF_{rev}	Umkehrspanne

4.2 Messunsicherheit :

z.B.   U = 0,5 % vom Sollwert

5. Rückführung

Referenz-Nummer	Bezugsnormal	Identifizierungs-Nummer	Kalibrierschein-Nummer
17	Gewichtsatz	103/300301	03-0108 DKD-K- 06901 11-03
		300302	03-0106 DKD-K- 06901 11-03
		30 03 03	03-0107 DKD-K- 06901 11-03
70	Gewichtstück 5 kg	G120378	Kern & Sohn GmbH G6-471 DKD-K-11801 12-02
71	Gewichtstück 10 kg	G120379	Kern & Sohn GmbH G6-472 DKD-K-11801 12-02
72	Gewichtstück 20 kg	G120380	Kern & Sohn GmbH G6-473 DKD-K-11801 12-02

Ausgabe	erstellt	geprüft	genehmigt	Kapitel	Seite 2
01 -	von:EL am: 13.07.2015	von: AK am:17.07.2015	von: EL am: 17.07.2015	-	von 3

Bild 2.3 Prüfprozess Federwaage (2)

2 Umsetzung des Prozessansatzes der ISO 9001 für Prüfprozesse

Kistner Metrologie Service GmbH

Handbuch – Waage

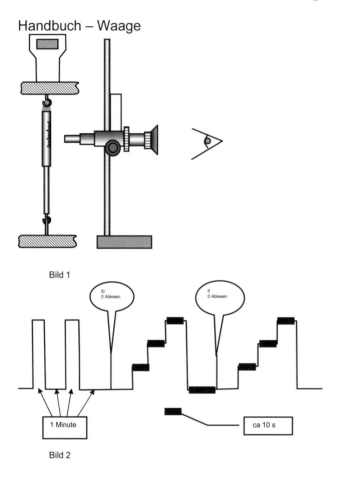

Ausgabe	erstellt	geprüft	genehmigt	Kapitel	Seite 3
01 -	von:EL am: 13.07.2015	von: AK am:17.07.2015	von: EL am: 17.07.2015	-	von 3

Bild 2.4 Prüfprozess Federwaage (3)

Kistner Metrologie Service GmbH

Handbuch – Winkelmesser

Kurzbeschreibung:
Kalibrierung Drehwinkelsensor, Heidenhain
Erstellt für Kunde: alle

1. Kalibrierverfahren

1.1 Messeinrichtung:
3D KMG   Inv.Nr. 3D 02
1.2 Kalibrierumfang
Messabweichungen in Messbereich 0° bis 360° in 13 Messpositionen, Antastung mit 6 Punkten je Fläche.
1.3 Verfahrensbeschreibung
Kalibrierung erfolgt mit Hilfe ExcelDatei „k:/kalilab\PM\Winkelmesser\Kali_Drehenwinkelsensor.xls"
Für Einheit (Grad) und
„k:/kalilab\PM\Winkelmesser\Kali_Drehwinkelsensor + MUAdapter 8 mm.xls" für Einheiten Grad, Minuten, Sekunden.
Aufbau siehe Bild 1.

1.4 Messunsicherheit   wird in der Exceltabelle berechnet.

1.5 Kalibrierschein   Dokumentiert wird: 1. Messwerte in 13 Messpunkten
                                           2. Messabweichungen in 13 Messpunkten
                                           3. Messunsicherheit

2. Prüfplan   Istwertermittlung

3. Textbausteine   wird in die Dokumentation aus der Tabelle einkopiert

4. Messunsicherheitsabschätzung

4.1 Mathematisches Modell :

$Wx = W_{y;KMG} + \delta W_{U;WEM} + \delta I_{y;KMG} + \delta I_{y;X} + \delta W_{id}$

wobei

Komponente	Bezeichnung
MU Kali WEM	$\delta W_{U;WEM}$
Wiederholung Winkel 30 °	δW_{id}
Anzeige KMG (Normal)	$\delta Iy_{;KMG}$
Anzeige KG	$\delta Iy_{;X}$

4.2 Messunsicherheit :

U = 0,0035 °

Ausgabe	erstellt	geprüft	genehmigt	Kapitel	Seite 1
01 -	von:EL am: 11.01.2015	von: TS am 12.01.2015	von: AK am: 12.01.2015	-	von 2

Bild 2.5 Prüfprozess Winkelmesser (1)

2 Umsetzung des Prozessansatzes der ISO 9001 für Prüfprozesse

Kistner Metrologie Service GmbH

Handbuch – Winkelmesser

5. Rückführung

Referenz-Nummer	Bezugsnormal	Identifizierungs-Nummer	Kalibrierschein-Nummer
36	Winkelendmaß 15°	17/98	6019 PTB 09
67	3 D Koordinatenmessgerät	3D 02	Carl Zeiss Industrielle Messtechnik GmbH 28.05.09

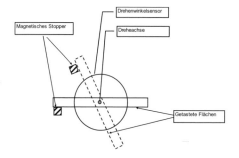

Bild 1

Ausgabe 01 -	erstellt von:EL am: 11.01.2015	geprüft von: TS am 12.01.2015	genehmigt von: AK am: 12.01.2015	Kapitel -	Seite 2 von 2

Bild 2.6 Prüfprozess Winkelmesser (2)

2.2 Planen und Einführen der Prüfprozesse

Die Vorgehensweisen beim Planen und Einführen der Prüfprozesse für die Entwicklung wie auch für die Herstellung gleichen sich. Der Ablauf umfasst folgende Schritte:

- Planen des Prüfprozesses,
- Festlegen der Voraussetzungen für die Prüfmittel und den Prüfprozess,
- Auswählen des Prüfmittels,
- Prüfen des Prüfmittels auf Einhalten der technischen Forderungen,
- Integrieren des Prüfmittels in den Prüfprozess,
- Nachweisen der Eignung des Prüfprozesses,
- Anwenden des Prüfprozess,
- Überwachen der Prüfmittel,
- Analysieren der Ursachen,
- Planen und Umsetzen der Maßnahmen zum Erreichen der Prüfprozesseignung.

In Bild 2.7 und Bild 2.8 ist dieser Ablauf und die Vernetzung der Prozesse zur Prüfung der Konformität mit den Qualitätsforderungen dargestellt.

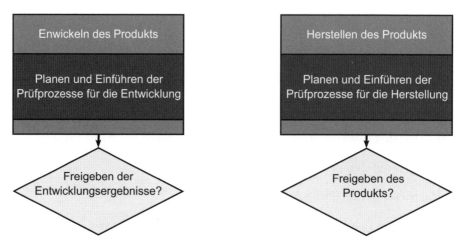

Bild 2.7 Gleiche Vorgehensweise in Entwicklung und Produktion

2.2 Planen und Einführen der Prüfprozesse

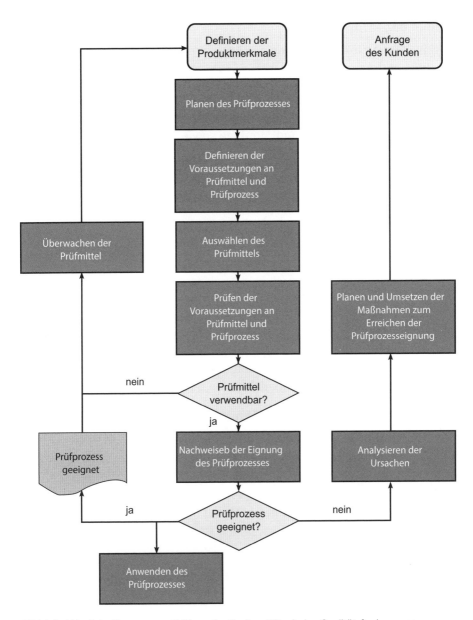

Bild 2.8 Ablauf der Prozesse zur Prüfung der Konformität mit den Qualitätsforderungen

2 Umsetzung des Prozessansatzes der ISO 9001 für Prüfprozesse

Planen des Prüfprozesses

Voraussetzung für die Planung der Prüfprozesse ist das Vorliegen folgender Informationen:

- aller Qualitätsforderungen an die Produkte wie z. B. an die Design- und Konstruktionsergebnisse, die Vorprodukte von Lieferanten, die Teilprodukte der Fertigung und Montage sowie an das Gesamtprodukt,
- aller Qualitätsforderungen an die notwendigen Prozesse,
- der Aufgabenstellung (Prüfgegenstand, Prüfmerkmal, Prüfumfang, Prüfablauf usw.),
- der Randbedingungen (Ort, Personal, Umwelt, Zeitablauf, Taktzeiten usw.).

Festlegen der Voraussetzungen für die Prüfmittel und den Prüfprozess

Aus der Planung des Prüfprozesses ergeben sich die Forderungen an die Prüfmittel. Das können im Einzelnen sein: Bauform, Baugröße, Material, Größe, Gewicht, Anschlussmöglichkeiten, ergonomische Kriterien usw.

Wichtige Forderungen an die Prüfmittel sind die metrologischen Merkmale, die die Organisation für den vorgesehenen Einsatzzweck festlegt. Dabei handelt es sich um:

- Messgröße und Messbereich,
- die für jedes einzelne Prüfmittel relevanten Kenngrößen wie Auflösung, Linearität und Stabilität,
- die zugeordneten maßgeblichen Festlegungen wie Nennmaße, Grenzabweichungen bzw. Toleranzen und Grenzwerte für Messabweichungen (Fehlergrenzen).

Werden die Prüfmittel dabei einer Genauigkeitsklasse oder ähnlichem zugeordnet, kann dies die spätere Zuordnung zum vorgesehenen Einsatzzweck erleichtern. Die Kenngrößen und ihre Festlegungen sind in technischen Regelwerken oder Herstellerunterlagen festgelegt. Zu beachten ist, dass sich ihre messtechnischen Werte auf fabrikneue Prüfmittel beziehen.

Für Prüfmittel, die schon einmal in Gebrauch waren, bestehen mit Ausnahme der Lehren keine Vorgaben durch Normen. Für diese Prüfmittel sind die Forderungen in anwendungsbezogener Abhängigkeit für die Prüfmittelüberwachung festzulegen. Als Grundlage dienen üblicherweise die Forderungen der Normen für fabrikneue Messmittel. Die darin enthaltenen Festlegungen können, falls notwendig, direkt übernommen werden. Sofern es die Anwendungen, d. h. die mit den Prüfmitteln zu erledigenden Prüfaufgaben zulassen, können aus wirtschaftlichen Überlegungen die Forderungen an die Genauigkeit auch verringert werden.

Bei der Beschaffung von Prüfmitteln sind die in den technischen Regelwerken oder Herstellerunterlagen getroffenen Festlegungen Bestandteil eines Kaufvertrags, ihre Inhalte regeln den jeweiligen Liefer- und Leistungsumfang. Den Wareneingangsprüfungen der Prüfmittel liegen die Inhalte dieser Dokumente zugrunde. Die Organisation hat sicherzustellen und zu dokumentieren, dass die Forderungen stets erfüllt sind.

Forderungen an ein Prüfmittel

Sicherzustellen ist:

- die korrekte Funktion des Prüfmittels,
- die Rückführung auf nationale oder internationale Normale durch eine Kalibrierung.

Mit der Erfüllung der Forderungen erreicht ein Prüfmittel seine metrologische Bestätigung für die beabsichtigte Verwendung.

Auswählen des Prüfmittels

Kriterien für die Prüfmittelauswahl sind in Bild 2.9 aufgelistet.

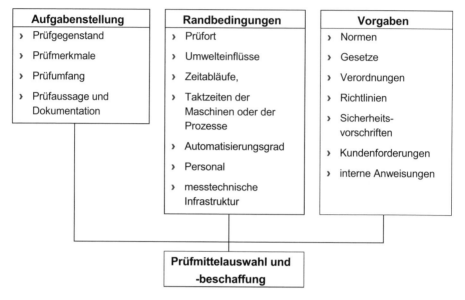

Bild 2.9 Kriterien für die Prüfmittelauswahl

Um eine messtechnisch geeignete und wirtschaftlich angemessene Lösung zu finden, ist bei der Auswahl der Prüfmittel ein analytisches Vorgehen notwendig.

Die Organisation legt fest, ob aus Gründen der Bedeutung der Messaufgabe (Risiko, Produkthaftung) oder des Wertes des Investitionsumfanges für Prüfmittel eine besondere Eignungsprüfung vorgenommen wird. Hierbei sind die Einflussgrößen, die durch besondere Einsatzbedingungen hervorgerufen werden, zusätzlich zu beachten (z. B. Auswirkungen von Einflussgrößen, die nicht Messgrößen sind, auf das Messergebnis. Beispielsweise beeinflusst bei Messungen mit einem Laser die Zusammensetzung der Luft deren Brechzahl und damit die Wellenlänge des Lasers.

Grundsätzlich können aus den technischen Spezifikationen für die Lösung einzelner Aufgaben gleich mehrere geeignete Prüfmittel in Betracht kommen, für deren Auswahl als notwendige Eingangsinformationen u. a. folgende Kriterien entscheidend sind:

- Art der Messgröße,
- Art des Prüfmerkmals,
- Größe des Nennmaßes,
- Größe der Spezifikationsgrenzen.

Bedingung: Fehlergrenze des Prüfmittels ≤ 10 % der Spezifikationsgrenze.

Beispiel:
Für die Prüfung einer zylindrischen Bohrung mit einem tolerierten Maß 22H7 sind folgende Prüfmittel geeignet:
- ein Grenzlehrdorn,
- eine Innenmessschraube mit 3-Linien-Berührung am Prüfgegenstand,
- ein Innenfeinmessgerät mit Feinzeiger und Einstellring,
- ein pneumatischer Düsenmessdorn.

Prüfen des Prüfmittels auf Einhalten der technischen Forderungen

Nach der Auswahl des Prüfmittels werden folgende Aufgaben durchgeführt:

- Kalibrieren des Prüfmittels,
- Prüfen, ob das Prüfmittel die technischen Spezifikationen erfüllt. Dazu zählen u. a. Auflösung, Linearität und Stabilität und der Beitrag, den das Prüfmittel zur Messunsicherheit leistet.

Integrieren des Prüfmittels in den Prüfprozess

Sind die technischen Forderungen erfüllt, so ist das Prüfmittel geeignet und kann in den Prüfprozess integriert werden. Ob der Prüfprozess für die vorgesehene Aufgabe geeignet ist, muss in einer entsprechenden Eignungsuntersuchung nachgewiesen werden.

Nachweisen der Eignung des Prüfprozesses

Ist das ausgewählte Prüfmittel in den vorgesehenen Prüfprozess integriert, so muss dieser vor seiner bestimmungsgemäßen Benutzung freigegeben werden. Voraussetzung für die Freigabe ist der Nachweis der Eignung des Prüfprozesses. Die Prüfprozesseignung ergibt sich aus dem Verhältnis von erweiterter Messunsicherheit zu Spezifikationsgrenzen des zu prüfenden Produktes.

Im Teil II dieses Buches werden die heute angewendeten Verfahren betrachtet und beschrieben.

Anwenden des Prüfprozess

Die Prüfmittel müssen im Prüfprozess entsprechend der Prüfprozessplanung verwendet werden.

Während des Einsatzes unterliegen die Prüfmittel der Prüfmittelüberwachung.

Überwachen der Prüfmittel

Die Ergebnisse des Nachweises der Eignung des Prüfprozesses werden in die Prüfmittelverwaltung aufgenommen.

Um die Prüfergebnisse sicherzustellen, müssen die Prüfmittel überwacht werden.

Analysieren der Ursachen

Erweist sich der Prüfprozess als nicht geeignet, so muss der Prüfprozess analysiert werden, um die Einflüsse in ihrer Ursache und Wirkung auf die Nicht-Eignung zu ermitteln.

Als hilfreich erweist sich hier das Ursache-Wirkungs-Diagramm (Bild 2.10), um die einzelnen Komponenten hinsichtlich der Abweichungen durch das Prüfmittel oder den Prüfprozess herauszufiltern.

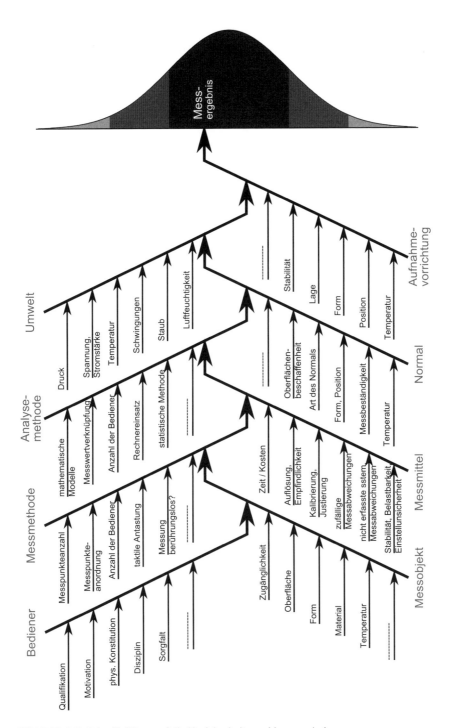

Bild 2.10 Mögliche Einflüsse auf die Unsicherheit von Messergebnissen

Für die Messunsicherheitsbetrachtung muss davon ausgegangen werden, dass ein ungestörter und fehlerfreier Prozess angewendet wird. Auf Prüfprozesse bei geometrischen Größen können folgende technischen Einflüsse wirken:

- *Normal (Normale und Normalmesseinrichtungen):*
  - bei Messunsicherheit der Kalibrierung,
  - bei der Kalibrierung festgestellte Messabweichungen,
  - Formabweichung (Ebenheit, Parallelität, Rundheit),
  - Drift.
- *Messsystem:*
  - Auflösung des Messsystems,
  - Linearität,
  - MPE (Maximum Permissable Error, Fehlergrenze),
  - Wiederholpräzision,
  - Eigenschaften von Messflächen (Rundheit, Ebenheit, Parallelität),
  - Messkraft, Messkraftstreuung,
  - Verformung,
  - Drift,
  - Ausrichtung,
  - Scanningabweichung.
- *Umwelt:*
  - Temperaturdifferenz Messobjekt/Messsystem/Normal,
  - Abweichung der Temperatur von 20°.
- *Mensch:*
  - Messkraft, Messkraftstreuung,

- Ablesegenauigkeit,
- Wiederholpräzision.
- *Messobjekt:*
  - Formabweichung (Ebenheit, Parallelität, Rundheit),
  - Oberfläche, Rauheit,
  - Verformung.
- *Messmethode:*
  - Positionierung des Messobjekts,
  - Messstrategie (z. B. Punktzahl, Mehrfachtaster),
  - punktweise Antastung/Scanning,
  - Absolutmessung/Vergleichsmessung,
  - Umschlagsmessung,
  - Filterwahl.

Neben den technischen Einflüssen gibt es Störgrößen und Fehler, die das Messergebnis verändern können. Die Störgrößen und Fehler sind immer zu eliminieren, damit sie das eigentlich erzielbare Ergebnis nicht verschlechtern. Als Störgrößen oder Fehler sind denkbar:

- *Normal:*
  - falsche Ausrichtung,
  - falsche Umkehrpunktsuche,
  - Preset nicht richtig,
  - Nullstellung nicht in Ordnung.
- *Messsystem:*
  - Verschmutzung,
  - Beschädigungen,

- Funktionsstörungen,
- Abnutzung.

- *Umwelt*
  - Erschütterungen,
  - Verschmutzung (Staub, Öl, Wasser),
  - Luftzug,
  - Beleuchtung.

- *Mensch*
  - nicht richtig geschult,
  - Ärger, Stress,
  - Ergonometrie unzureichend.

- *Messobjekt*
  - verschmutzt,
  - falsch eingelegt,
  - beschädigt.

- *Messmethode*
  - nicht robust,
  - Einschwingzeiten nicht berücksichtigt.

Falls die Messunsicherheit aufgrund einzelner Einflüsse für die Anwendung zu groß wird und deshalb Verbesserungen notwendig werden, bieten sich die folgenden Maßnahmen als Lösungsmöglichkeit an:

- *Normal (Normale und Normalmesseinrichtungen):*
  - bei Messunsicherheit der Kalibrierung:
    Kalibrierlabor mit kleinerer Messunsicherheit beauftragen, u. U. die Kalibrierung beim NMI (National Measurement Institute) durchführen lassen,

2.2 Planen und Einführen der Prüfprozesse

- bei der Kalibrierung festgestellte Messabweichungen:
  Wartung, Reparatur bei Messgeräten durchführen lassen,
- bei Formabweichung (Ebenheit, Parallelität, Rundheit):
  Ersatz des Arbeits- oder Bezugsnormals,
- Drift.
  Die Ursachen für eine Drift sind je nach Messprozess vielfältig; Änderungen von Kalibrierung zu Kalibrierung durch z. B. Materialeigenschaften; keine Korrektur möglich, muss deshalb in der Messunsicherheit berücksichtigt werden.

- *Messsystem*:
  - bei Auflösung des Messsystems:
    Auflösung verringern oder Messsystem wechseln,
  - bei Linearität:
    hardwareseitig verbessern, softwareseitig korrigieren,
  - bei MPE:
    tatsächlichen MPE ermitteln, nicht den des Datenblatts verwenden,
  - bei Wiederholpräzision:
    schwierig, weil die Bedingungen für die Ermittlung der Wiederholpräzision bereits „ideal" sind,
  - bei Eigenschaften von Messflächen (Rundheit, Ebenheit, Parallelität):
    Wartung, Reparatur, Ersatz,
  - bei Messkraft, Messkraftstreuung:
    Wartung, Geräteumbau, Ersatz des Messsystems,
  - bei Verformung:
    Verwendung anderer Antastelemente, Messkraftreduzierung,
  - bei Drift:
    Die Ursachen für eine Drift sind je nach Messprozess vielfältig;
  - bei Ausrichtung:
    Optimierung des Messsystems, Umbau, geeignete Hilfsmittel beschaffen,
  - bei Scanningabweichung:
    Wechsel der Antaststrategie.

- *Umwelt*:
  - bei Temperaturdifferenz Messobjekt/Messsystem/Normal:
    Alle Beteiligten am Prüfplatz ausreichend temperieren;
  - bei Abweichung der Temperatur von 20°:
    Verbesserung der Temperierung, bestimmte „gute" Zeitfenster nutzen.

- *Mensch*:
  - bei Messkraft, Messkraftstreuung:
    Wechsel des Messsystems, Umbau auf Unabhängigkeit vom Benutzer,
  - bei Ablesegenauigkeit:
    Schulung, Übung, Sehhilfen,
  - bei Wiederholpräzision:
    Schulung, Übung.

- *Messobjekt:*
  - bei Formabweichung (Ebenheit, Parallelität, Rundheit):
  - Oberfläche, Rauheit,
  - bei Verformung:
    Überprüfung der geforderten Messunsicherheit auf Plausibilität, Optimierung des Herstellverfahrens, Wechsel des Herstellverfahrens.

- *Messmethode:*
  - bei Positionierung des Messobjekts:
    Automatisieren, durch Vorrichtungen absichern,
  - bei Messstrategie (z. B. Punktzahl, Mehrfachtaster):
  - bei punktweiser Antastung/Scanning,
  - bei Absolutmessung/Vergleichsmessung,
  - bei Umschlagsmessung,
  - bei Filterwahl:
    fachlich fundierte Optimierungen durchführen.

Sind die Ursachen nicht bekannt, so ist eine systematische Analyse mit Vorgehensweisen nach Methoden wie z. B. dem Komponententausch, der systematischen Variation einzelner Parameter oder mit multiplen Verfahren wie dem Design of Experiments (DoE) und der sich anschließenden Varianzanalyse (ANOVA) durchzuführen.

Planen und Umsetzen der Maßnahmen zum Erreichen der Prüfprozesseignung

Sind die Ursachen und ihre Wirkungen aus der Analyse bekannt, so sind Maßnahmen durchzuführen, um die Eignung des Prüfprozesses herbeizuführen und durch einen erneuten Durchlauf durch die Prozesskette nachzuweisen.

Beispiele für Maßnahmen zum Erreichen der Prüfprozesseignung können sein:
- konstruktive Maßnahmen des Messaufbaus,
- Änderungen des Einsatzes der Prüfmittel,
- Wechsel des Prüfmittels,
- Änderungen der Prüfmethode,
- Änderungen der Umgebungsbedingungen,
- Änderungen der Forderungen an den Prüfprozess.

Es kann sich in manchen Fällen auch als notwendig erweisen, die Forderungen an die Produkte zu hinterfragen. Denn wenn es technisch nicht möglich ist, die Konformität mit den Spezifikationen nachzuweisen, könnte es sein, dass diese Forderungen in der Form nicht angemessen sind.

2.3 Fazit

Prüfprozesse zur Prüfung von Qualitätsmerkmalen in der Entwicklung und der Produktion müssen systematisch entwickelt werden. Mit Eignungsuntersuchungen für Prüfmittel und Prüfprozess kann der Nachweis erbracht werden, dass der Zweck der Prüfung erreicht wird.

2.4 Literatur

[DAkks-DKD-5] *Deutsche Akkreditierungsstelle GmbH (Hg.)* (2010): Anleitung zum Erstellen eines Kalibrierscheines. 1. Neuauflage. Braunschweig. *(http://www.dakks.de/sites/default/files/dakks-dkd-5_20101221_v1.2.pdf Stand: 10.03.2015)*

Deutsche Gesellschaft für Qualität (Hg.) (2003): Prüfmittelmanagement. *Planen, Überwachen, Organisieren und Verbessern von Prüfprozessen*, 2. Aufl.Berlin: Beuth (DGQ-Band 13-61).

Deutsche Gesellschaft für Qualität e.V. (Hg.) (2012): Managementsysteme – Begriffe. 10. Auflage. Berlin: Beuth (= DGQ-Band 11-04).

DIN 1319-1: Grundlagen der Messtechnik – Teil 1: Grundbegriffe. Ausgabedatum: 1995-01. Berlin: Beuth.

DIN EN ISO 9000*: Qualitätsmanagementsysteme – Grundlagen und Begriffe (ISO 9000:2005); Dreisprachige Fassung EN ISO 9000:2005. Ausgabedatum: 2005-12. Berlin: Beuth.

DIN EN ISO 9000 Entwurf*: Qualitätsmanagementsysteme – Grundlagen und Begriffe. Ausgabedatum: 2014-08. Berlin: Beuth.

DIN EN ISO 9001:2008*: Qualitätsmanagementsysteme – Anforderungen (ISO 9001:2008); Dreisprachige Fassung. Ausgabedatum 2008-12. Berlin: Beuth.

DIN EN ISO 9001 Entwurf*: Qualitätsmanagementsysteme – Anforderungen (ISO 9001:2008); (deutsch/englisch). Ausgabedatum 2014-08. Berlin: Beuth.

ISO/IEC 17025: Allgemeine Anforderungen an die Kompetenz von Prüf- und Kalibrierlaboratorien. Ausgabedatum: 2005-05.

[VIM] *Brinkmann, Burghart* (2012): Internationales Wörterbuch der Metrologie. Grundlegende und allgemeine Begriffe und zugeordnete Benennungen (VIM). *Deutsch-englische [sic!] Fassung. ISO/IEC-Leitfaden 99:2007. Korrigierte Fassung 2012.* 4. Auflage. Berlin: Beuth.

---

* Dieses Buch berücksichtigt alle Änderungen der Revision von 2015, die von der DGQ intensiv begleitet wurde. Korrekterweise wird hier aus den offiziell als „draft international standard" herausgegebenen DIN EN ISO 9001 Entwurf:2014-08 und DIN EN ISO 9000 Entwurf:2014-08 zitiert, die zum Zeitpunkt der Drucklegung die aktuellste offiziell veröffentlichte Version waren.

3 Lenkung von Prüf- und Messmitteln nach ISO 9001 – Verwaltung und Überwachung

▪ 3.1 Forderungen der ISO 9001

In dem Entwurf der neuen DIN EN ISO 9001 wird im Abschnitt: 7.1.5 „Ressourcen zur Überwachung und Messung" gefordert, dass die Organisation die benötigten Ressourcen für gültige und verlässliche Überwachungs- und Messergebnisse sicherstellt, wenn Überwachung und Messung eingesetzt werden, um die Konformität von Produkten und Dienstleistungen mit bestimmten Anforderungen nachzuweisen. Dabei muss die Organisation sicherstellen, *„dass die verfügbaren Ressourcen*

- *für die jeweilige Art der unternommenen Überwachung- und Messtätigkeiten geeignet sind,*

- *aufrechterhalten werden, um deren fortlaufende Eignung sicherzustellen*

Die Organisation muss geeignete dokumentierte Informationen als Nachweis für die Eignung der Ressourcen zur Überwachung und Messung aufbewahren.

Wenn die Rückverfolgbarkeit der Messung eine gesetzliche oder behördliche Anforderung darstellt oder vom Kunden oder von der relevanten interessierten Partei erwartet wird oder von der Organisation als wesentlicher Beitrag zur Schaffung von Vertrauen in die Messergebnisse angesehen wird, müssen die Messgeräte

- in bestimmten Abständen oder vor der Anwendung gegen Messstandards verifiziert oder kalibriert werden, die auf internationale oder nationale Messstandards zurückzuführen sind. Wenn ein solcher Standard nicht vorliegt, muss die Grundlage für die Kalibrierung oder Verifizierung als dokumentierte Information aufbewahrt werden,

- gekennzeichnet werden, um deren Kalibrierstatus bestimmen zu können,

- vor Einstellungsänderungen, Beschädigung oder Wertminderung, was den Kalibrierstatus und demzufolge die Messergebnisse ungültig machen würde, geschützt sein".

Wird bei der geplanten Verifizierung oder Kalibrierung oder bei der Verwendung des Messgeräts festgestellt, dass es fehlerbehaftet ist, muss laut ISO 9001 ermittelt werden, ob auch die Gültigkeit älterer Messergebnisse beeinträchtigt wurde. Ist dies der Fall, dann muss die Organisation entsprechende Korrekturmaßnahmen einleiten.

■ 3.2 Identifizierung von Mess- und Prüfmitteln

Grundsätzlich müssen alle Mittel, die zum Messen und Prüfen geeignet sind, betrachtet werden. Eine Prüfung ist ein Messvorgang, der mit einer Konformitätsaussage verbunden ist. Die Konformitätsaussage ist die Bestätigung, ob ein geprüftes Produkt mit den Spezifikationen übereinstimmt oder nicht. Die ISO 9000 spricht bei der Lenkung von Überwachungs- und Prüfmitteln nur von diesen Prüfmitteln.

Messmittel werden zur Messung benutzt, ohne dass damit eine Konformitätsaussage verbunden ist. Daraus folgt, dass in einem frühen Stadium der Prüfmittelverwaltung festgelegt werden muss, welche Mittel Messmittel (ohne Überwachung) und welche Prüfmittel (mit Überwachung) sind.

Es kann vorkommen, dass derselbe Typ Gerät als Prüfmittel oder als Messmittel eingesetzt wird. Ein Messschieber wird z. B. in der Wareneingangsprüfung für die Messung von Zulieferteilen benutzt, ein anderer dazu, die passende Beilagscheibe auszusuchen.

Die Empfehlung ist also, alle Messmittel zu erfassen und zur Identifizierung zu kennzeichnen. Die Identnummer ist unverlierbar (Gravur, Laserbeschriftung) anzubringen.

Gleichzeitig erfolgt die Festlegung, ob es sich um ein überwachungspflichtige Prüfmittel oder ein nicht überwachungspflichtiges Messmittel handelt. Bei Zweifeln oder bei nicht eindeutiger Einsatzweise ist die Einstufung als Prüfmittel sinnvoll.

3.3 Festlegung der Nummernkreise

Über Jahrzehnte war es üblich, sprechende Nummernsysteme zu verwenden. Die Kriterien waren Art und Einsatz der Prüfmittel, häufig aber auch die Organisation betreffende Informationen wie z. B. die Abteilung oder die Werkshalle. Es sollte sehr gut überlegt werden, ob derartige Verschlüsselungen noch zeitgemäß sind, da heute alle Prüfmittelverwaltungssysteme in irgendeiner Form mit EDV-Systemen realisiert sind.

In diesen Systemen gibt es eine Reihe von beschreibenden Feldern, die jeder einzelnen Identnummer zugeordnet werden und die auch für die Suche und die Filterung von Daten verwendet werden können. Wenn z. B. die Abteilung Teil der Identnummer ist, kann das Prüfmittel nicht ohne weiteres die Abteilung wechseln, sondern muss konsequenterweise umgekennzeichnet werden. Ist die Abteilung ein Feld in den Stammdaten, kann die Umbuchung einfach erfolgen.

Als praktikable Lösung hat sich die Kennzeichnung der Prüfmittel mit einer fortlaufenden Nummer herausgestellt. Wer 300 Prüfmittel hat, wahrscheinlich in absehbarer Zeit die 1000 überschreitet, beginnt mit der Identnummer 1001 und zählt hoch. Identnummern mit führenden Nullen sind nicht empfehlenswert, weil diese von Standardanwendungen (z. B. Excel) eigenwillig interpretiert werden. Diese kurzen Nummern sind im Regelfall kostengünstig herzustellen.

Eine Identnummer sollte zur eindeutigen Identifizierung geeignet sein. Die Nummer ist unverlierbar anzubringen. Heute ist die Laserbeschriftung die häufigste Art der Kennzeichnung, Elektroschreiber oder Gravur werden auch noch angewendet.

Nicht geeignet ist jede Art von Aufklebern, mit dessen Verlust auch alle Bezüge des Prüfmittels zu Daten und Aufzeichnungen verloren gehen. Ausnahme: Messgeräte, die nur ein einziges Mal in der Organisation vorhanden sind, könnten auch verlierbar gekennzeichnet werden, weil die Zuordnung zu allen Informationen immer gegeben ist.

Ergänzend zur Beschriftung kann zusätzlich mit maschinenlesbaren Etiketten (Barcode oder Data Matrix) zum schnelleren Ein- und Ausbuchen gearbeitet werden.

3.4 Stammdaten für jedes Prüfmittel

Jedem Prüfmittel werden in seinem Datensatz Informationen zugeordnet, die entweder der Suche, der Filterung, der Bestandsführung oder auch nur als beschreibende Zusatzinformation dienen.

Die früher übliche Strukturierung mit mehrstufigem hierarchischem Aufbau Messgröße, Prüfart, Prüfmittelgruppe, Kalibrierverfahren etc. wird heute meistens nicht mehr praktiziert. Zumindest die Zusammenfassung gleichartiger Prüfmitteln zu Prüfmittelgruppen ist aber sinnvoll.

Tabelle 3.1 listet beispielhaft einige zentrale Felder auf und erläutert diese. Auch wenn die Prüfmittelverwaltung im Wesentlichen gleich abläuft, kann es Gründe geben, mehr und/oder andere Felder zu verwenden.

Die innerbetriebliche Zuordnung der Prüfmittel zu Bereichen, Abteilungen, Werkshallen bis zu Werkbänken, Werkzeugschränken oder Personen hat in jedem Betrieb eine individuelle Note. Grundsätzlich ist die Detaillierung wünschenswert, weil es dann einfacher wird, die Prüfmittel aufzufinden. Andererseits kann zu viel Detail die Flexibilität verhindern, indem es nicht mehr einfach möglich ist, ein Prüfmittel bei Bedarf zu verlagern. Oder die Verlagerung ist mit einer Stammdatenänderung verbunden, was wieder einen Aufwand darstellt.

Zusätzlich zu den benannten Feldern ist es sinnvoll, einige Leerfelder vorzusehen (Kennzeichen 1, Kennzeichen 2 etc.), die dann bei Bedarf für spezifische Informationen verwendet werden können.

Tabelle 3.1 Mögliche Datensatzfelder eines Prüfmittels

Feld	Erläuterung
Identnummer:	dient der eindeutigen Identifizierung des Prüfmittels; darf somit nur ein einziges Mal im Gesamtdatenbestand vorkommen.
Bezeichnung:	Klartextbeschreibung des Prüfmittels
Prüfmittelgruppe:	Zusammenfassung gleicher oder ähnlicher Prüfmittel. Die Einträge sollten aus einem Katalog ausgewählt werden, damit z. B. Bestandlisten vollständig hergestellt werden können.
Kalibrierverfahren:	schafft die Verbindung zur Kalibriersoftware.
Kalibrierintervall:	meistens als festes Zeitintervall, u. U. aber im Softwareverbund auch als einsatzabhängige Größe (z. B. Anzahl Arbeitstage)
Erstkalibrierdatum:	Datum
Hersteller:	als Katalog empfehlenswert
Lieferant:	als Katalog empfehlenswert
Datum letzte Kalibrierung:	Datum
Datum nächste Kalibrierung:	Datum
Verwendungsentscheid/ Status:	sinnvollerweise als Katalog hinterlegt, wichtiges Filterkriterium
Lagerort:	Ort der Lagerung
Standort:	Standort
Einsatzort:	Messort

3.5 Prüfmittelüberwachung

3.5.1 Überwachung

Prüfmittel (mit denen die Konformität bestätigt wird) müssen in festgelegten Abständen oder vor dem Einsatz kalibriert werden. Mit Abstand am häufigsten ist die Kalibrierung nach festgelegten Zeitintervallen. Die Kalibrierung vor Einsatz des Prüfmittels ist schwieriger, da rechtzeitig vor dem geplanten Einsatz die Kalibrierung (egal, ob intern oder extern) angestoßen werden muss. Bei vielen Prüfmitteln würde das zu einem planerischen Aufwand führen, der nur schwer zu rechtfertigen ist.

Fast alle Firmen wählen deshalb den Weg, die Prüfmittel durch regelmäßige Kalibrierungen ständig einsatzbereit zu haben.

Prüfmittel, die aktuell nicht eingesetzt werden, weil z. B. die Produkte, die damit gemessen wurden, nicht mehr gefertigt werden, können aus der Überwachung herausgenommen werden. Zur Vermeidung des Einsatzes dieser Prüfmittel empfiehlt sich die Einlagerung in verschließbaren Behältern, Schränken oder Räumen. In der Verwaltung erhalten diese Prüfmittel einen speziellen Status (z. B. Reservelager) und sind so sicher zuzuordnen. Vor erneutem Einsatz als Prüfmittel müssen sie auf jeden Fall neu kalibriert werden.

Zur Festlegung des geeigneten Kalibrierintervalls für ein Prüfmittel sollten u. a. folgende Aspekte betrachtet werden:

- Ausmaß eventueller Folgeschäden durch ein fehlerhaftes Prüfmittel,
- Verschleißbewertung für den geplanten Einsatz,
- Messbeständigkeit des Prüfmittels,
- Umgebungseinflüsse am Einsatzort,
- Häufigkeit der Benutzung,
- Erfahrungswerte mit ähnlichen Prüfprozessen.

Theoretisch wäre es denkbar, für jedes Prüfmittel (Identnummer) ein individuelles Intervall festzulegen. In der Praxis findet dies jedoch sehr selten Anwendung, weil

- der Aufwand für die individuelle Ermittlung hoch ist,
- der Verschleiß nicht exakt bewertet werden kann,
- flexibler Einsatz der Prüfmittel gewollt ist.

Meist werden die Intervalle deshalb für die Messmittelgruppen festgelegt, u. U. zusätzlich noch für den tatsächlichen Einsatzort. So gibt es Firmen, die für die Grenzlehrdorne der Qualitätssicherung, die für Erstmusterprüfungen oder gelegentliche Produkteprüfung eingesetzt werden, ein größeres Intervall festlegen als für die Lehrdorne, die in der Produktion täglich am Produkt benutzt werden.

Es gibt immer wieder das Bestreben, das Kalibrierintervall nicht fest vorzugeben, sondern abhängig vom Gebrauch des Prüfmittels dynamisch zu ermitteln. Verständlich ist dieses Bestreben, da auch die nicht notwendige Kalibrierung Geld kostet. Vordergründig lässt sich mit der Anzahl der Aufträge, die mit diesem Prüfmittel geprüft wurden oder gar mit der Kombination dieser Zahl und den den geprüften Stückzahlen, also mit einem Verschleißfaktor, die Fälligkeit zur Kalibrierung errechnen. Allerdings ist damit ein erhöhter organisatorischer und/oder Softwareaufwand verbunden, der meist nicht zu rechtfertigen ist. Auch diese Vorgehensweisen erzeugen keine exakten Verschleißinformationen, sondern nur bessere Abschätzungen.

Der einzige Ansatz dazu, der erfahrungsgemäß funktioniert, ist die Zählung der Arbeitstage, an denen das Prüfmittel verwendet wurde. Das Intervall lässt sich dabei in Zeit (z. B. 36 Monate) und in Einsatztagen (z. B. 30 Arbeitstage) ausdrücken. Eine der beiden Daten wird zuerst erreicht, das Prüfmittel ist zur Kalibrierung fällig. Nachteil bei dieser Arbeitsweise sind zwei Buchungsvorgänge, die ein Prüfmittel durchlaufen muss, wenn es zur Verwendung ausgegeben oder von der Verwendung zurückgegeben wird.

Die terminliche Überwachung der zu kalibrierenden Prüfmittel ist, da diese in einer Datenbank hinterlegt sind, einfach. Je nach Größe und Struktur einer Organisation gibt es in den Abteilungen oder Bereichen Prüfmittelverantwortliche, die für die termingerechte Bereitstellung der Prüfmittel zuständig sind.

Diese Bereitstellung der angeforderten Prüfmittel ist in vielen Firmen allerdings schwierig. Die Regeln sind zwar klar, Prüfmittel müssen überwacht und kalibriert werden, sie werden aber auch für Prüfungen gebraucht oder aber die Bereitstellung der Prüfmittel wird ein Prioritätenopfer. Jede Organisation muss für sich selbst den Weg finden, diese Schwierigkeiten zu bewältigen, z. B. in Form von sogenannten Eskalationsstufen, die bei mehrmaligem Versäumnis wirksam werden. Das Prüfmittel sollte z. B. nach mehrmaliger erfolgloser Anforderung im System gesperrt werden. Der Benutzer wird darüber informiert und trägt somit die Verantwortung für die Weiterbenutzung des gesperrten Prüfmittels.

Im Regelfall werden die Prüfmittel von der Prüfmittelstelle angefordert und müssen aus den Bereichen heraus bereitgestellt werden.

3.5.2 Kalibrierung

Der Prozess Kalibrierung wird einigermaßen verständlich (VIM 6.11) folgendermaßen definiert:

Kalibrierung

„Tätigkeiten zur Ermittlung des Zusammenhangs zwischen den ausgegebenen Werten eines Messgerätes oder einer Messeinrichtung oder den von einer Maßverkörperung oder von einem Referenzmaterial dargestellten Werten und den zugehörigen, durch Normale festgelegten Werten einer Messgröße unter vorgegebenen Bedingungen."

Vereinfacht: Tätigkeiten zur Ermittlung des Zusammenhangs zwischen den ausgegebenen Werten einer Messeinrichtung und den zugehörigen, durch Normale festgelegten Werten einer Messgröße unter vorgegebenen Bedingungen.

Kalibrieren kann auch definiert werden als das Feststellen und Dokumentieren der Abweichung der Anzeige eines Messgeräts (oder des angegebenen Werts einer Maßverkörperung) mit dem richtigen Wert der Messgröße.

3.5 Prüfmittelüberwachung

Eichung
Eichen ist die gesetzlich vorgeschriebene Prüfung eines Messgerätes auf Einhaltung der Bauvorschriften und die Prüfung seiner richtigen Anzeige innerhalb der „Eichfehlergrenzen".

Diese Zulassung der Bauart zur Eichung gibt es bei der Kalibrierung nicht. Bei einem einfachen Gerät wie Meterstab oder Tafelwaage genügt die Entsprechung bestimmter Bauvorschriften, komplizierte Geräte (Elektrizitätszähler, Strahlenschutzmessgeräte) müssen von der Physikalisch-Technischen Bundesanstalt (PTB) zugelassen werden.

Die Eichpflicht besteht bei gesetzlich vorgeschriebenen Überwachungen von Bereichen, die im öffentlichen Interesse besonders schützenswert sind. Hierzu zählen Verbraucherschutz, Gesundheitsschutz, Arbeitsschutz, Umweltschutz, Strahlenschutz, amtlicher Verkehr (z.B. bei der Verkehrsüberwachung, beim Zoll oder für Steuerzwecke).

Bei Prüfmitteln, die keinem Standard entsprechen, ist es sinnvoll, vor der Kalibrierung eine Abstimmung zwischen den Forderungen des Kunden und den technischen Möglichkeiten des Laboratoriums herbeizuführen. Damit werden Wartezeiten, Rücksprachen und zusätzliche Kosten vermieden.

Vor Durchführung der Kalibrierung wird festgestellt, ob das Prüfmittel kalibrierfähig ist. Reinigung, Funktionsprüfung und Sichtprüfung gehören bei allen Kalibrierprozessen zu den vorbereitenden Tätigkeiten.

Sofern eine Justage eines Prüfmittels möglich und notwendig ist, werden zwei Kalibrierungen erforderlich. Die erste zur Dokumentation des Zustands, der beim bisherigen Gebrauch gegeben war, die zweite zur Dokumentation des neuen Zustands nach der Justage.

Für die Kalibrierung der Prüfmittel sind höhere Genauigkeiten notwendig, als bei der Prüfung mit den Prüfmitteln. Deshalb wird die Kalibrierung in der Regel in Messräumen, meist unter speziellen, vorgegebenen Bedingungen durchgeführt. Für die meisten Kalibrierungen werden spezielle Kalibriereinrichtungen eingesetzt, die über diese höheren Genauigkeiten verfügen. Geeignete, gut qualifizierte und geschulte Prüfer sind für Kalibrierarbeiten erforderlich.

Bedarfskalibrierung

Außer der Terminfälligkeit gibt es noch andere Ereignisse, die eine Kalibrierung auslösen:
- das Prüfmittel wurde nicht sachgemäß verwendet,
- Entnahme aus dem Reservelager,
- das Prüfmittel wurde beschädigt,
- Funktionsstörungen,
- Feststellung von nicht vereinbarten Eingriffen durch den Benutzer,
- Verschmutzungen.

Externe Kalibierlaboratorien, DAkkS-Akkreditierung

1979 wurde der Deutsche Kalibrierdienst (DKD) gegründet. Der DKD ist aus der PTB heraus entstanden. Ziel war, den überwachten Bereich der Kalibrierung über die PTB hinaus in die Fläche zu bringen und damit eine stabile messtechnische Infrastruktur zu erhalten. Der Weg führte über die Akkreditierung der Kalibrierlabore in den DKD. Im Akkreditierungsverfahren waren von Anfang an Begutachtungsbesuche durch Fachbegutachter der PTB vor Ort enthalten. Durch die Norm ISO 17025 wurden die Arbeitsweisen von Prüf- und Kalibrierlaboratorien weltweit vereinheitlicht. Die ISO 17025 enthält zusätzlich zum QM-Teil, der vollständig der ISO 9001 entspricht, einen großen Bereich technischer und organisatorischer Bedingungen, die vom Labor einzuhalten sind. Durch die konsequente Überwachung der Labore mit Wiederholbegutachtung ist eine stabile Branche mit einem guten Niveau entstanden.

2010 wurde die Akkreditierungsstruktur in Deutschland grundsätzlich geändert. Aus ca. 20 privaten und öffentlich-rechtlichen Akkreditierungsstellen wurde eine einzige gebildet, die Deutsche Akkreditierungsstelle (DAkkS). Die Mitarbeiter des DKD sind jetzt Mitarbeiter der Abteilung Metrologie in der DAkkS, der Geschäftsstellenleiter des DKD deren Abteilungsleiter. Die Umstellung aller Kalibrierlabore auf die DAkkS-Akkreditierung wurde 2014 abgeschlossen.

Kalibrierlabore, die nicht akkreditiert sind, werden in Zukunft noch mehr an Bedeutung verlieren, weil sich der Markt heute eindeutig für die Akkreditierung positioniert hat. Kleine Dienstleister mit lokaler Verankerung oder speziellen Kundenbeziehungen werden sich noch eine Zeit lang halten können, müssen irgendwann aber den Schritt zur Akkreditierung gehen.

Interne Kalibrierlaboratorien

Auf den ersten Blick gibt es keine Unterschiede, ob die Kalibrierung von einem internen oder von einem externen Kalibrierdienstleister durchgeführt wird. Die Forderung nach sachgerechter Kalibrierung erfordert allerdings bestimmte Arbeitsweisen. Es ist also sinnvoll, sich als interner Dienstleister an der ISO 17025 zu orientieren und sich damit zu einem anerkannten System zu bekennen.

Eine Akkreditierung im DAkkS wird von den meisten internen Kalibrierstellen nicht angestrebt, da die Kosten dafür kaum gerechtfertigt werden können. In sehr großen Unternehmen werden DAkkS-Akkreditierungen gemacht, zum einen aus Prestigegründen, zum anderen, um die ganze Rückführkette in eigener Regie abzubilden.

Der interne Kalibrierdienstleister hat jedoch auch andere Voraussetzungen, die in einzelnen Bereichen auch andere Arbeitsweisen bewirken können. Er hat nur einen Kunden. Er kennt wahrscheinlich die Einsatzbedingungen der eingesetzten Prüfmittel. Die Prüfmittelverantwortlichen sind Kollegen und keine externen Kunden. Die Verantwortung für das Tun ist auf die eigene Firma beschränkt.

Das kann zu modifizierten Kalibrieranweisungen führen, zu anderen Fehlergrenzen als in den Richtlinien festgelegt sind. Die Temperaturbedingungen im Labor können ausgeweitet werden, wenn keine Hochpräzisionsmessungen gemacht werden. Bestimmte Prüfmittel oder Gruppen können aus der Überwachung herausgenommen werden, wenn mit den Prüfungen keine Konformitäten bestätigt werden. Prüfmittel können zurückgestuft werden, wenn die Einsatzbedingungen dafür sprechen.

Tendenziell werden die internen Kalibrierstellen weniger, während sich der Markt für externe Kalibrierdienstleister vergrößert. Dafür es eine Reihe von Gründen:

- Die Ressourcen eines größeren Kalibrierlabors können für Hunderte Kunden eingesetzt werden. Damit werden die Kosten für den einzelnen Kunden geringer.
- Das unabhängige Kalibrierlabor muss sich in jeder Hinsicht so aufstellen, dass die Bedürfnisse möglichst aller Kunden befriedigt werden.
- Wettbewerb sorgt für Optimierungsdruck, der die Effizienz steigert.
- Durch die Wiederholbegutachtungen akkreditierter Laboratorien ist ein langzeitstabiles Niveau gesichert.

Messtechnische Rückführung

Ein Prüfmittel muss mit einem Normal kalibriert werden, welches auf nationale oder internationale Normale zurückgeführt ist. Diese Rückführung hat eine zentrale Bedeutung im Prüfmittelmanagement, da sie die weltweite Vergleichbarkeit von Messergebnissen ermöglicht. Der internationale Warenverkehr wird damit wirtschaftlich sinnvoll, da unnötiger Mehrfachprüfaufwand entfallen kann.

Der internationale weltweite Vergleich von Messgrößen wird über die metrologischen Staatsinstitute (NMI's) organisiert.

So hat die Physikalisch-Technische Bundesanstalt (PTB) als metrologisches Staatsinstitut Deutschlands u. a. folgende Tätigkeit in ihrer Satzung verankert:

„Die Tätigkeit der Bundesanstalt erstreckt sich auf 1. die Darstellung, Bewahrung und Weitergabe der Einheiten im Messwesen zur Sicherung der nationalen und internationalen Einheitlichkeit der Maße sowie die Bestimmung von Fundamentalkonstanten."

Die messtechnische Rückführung der in Deutschland eingesetzten Normale ist meistens auf die nationalen Normale bezogen. Diese höchste Stufe in der Kalibrierkette wird mit einem PTB-Schein dokumentiert.

Bild 3.1 gibt einen Überblick über die messtechnische Infrastruktur Deutschlands.

3.5 Prüfmittelüberwachung

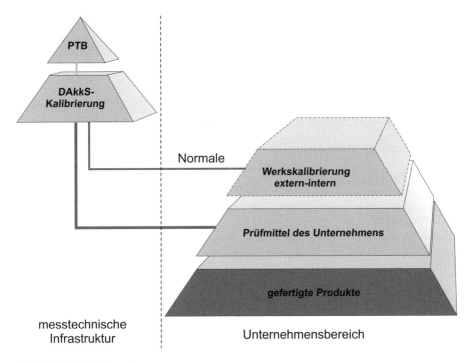

Bild 3.1 Kalibrierhierarchie

Weil die Prüfmittel durch eine ununterbrochene Kette von Vergleichen mit einem nationalen Normal (oder vergleichbaren anderen) in Verbindung stehen, ist die Rückführung der Produkte, die mit diesen Prüfmitteln geprüft werden, sichergestellt.

Der einfachste und sicherste Nachweis für die Rückführung von Bezugsnormalen, Gebrauchsnormalen, aber auch von Messeinrichtungen, ist der DAkkS-Kalibrierschein (DAkkS: Deutsche Akkreditierungsstelle). Dieser Kalibrierschein trägt alle Nachweise in sich selbst und erfordert keine weiteren Unterlagen. Die Vorgaben an Inhalt und Gestaltung der DAkkS-Kalibrierscheine sind klar und eindeutig. Musterkalibrierscheine (Bild 3.2 und Bild 3.3) für die verschiedenen Prüfmittel und Normale sind Bestandteil des QM-Handbuchs für akkreditierte Laboratorien.

3 Lenkung von Prüf- und Messmitteln nach ISO 9001

Kistner Metrologie Service GmbH

akkreditiert durch die / *accredited by the*

Deutsche Akkreditierungsstelle GmbH

als Kalibrierlaboratorium im / *as calibration laboratory in the*

Deutschen Kalibrierdienst   DKD

Kalibrierschein	15114563
Calibration certificate	

Kalibrierzeichen	D-K-15181-01-00
Calibration mark	2015-05

Gegenstand / *Object*	Gewindelehrring
Hersteller / *Manufacturer*	-
Typ / *Type*	M12x1-4g Gut
Fabrikat/Serien-Nr. / *Serial number*	070K
Auftraggeber / *Customer*	Schmitt GmbH Siemensgasse 8 D 12321 Berlin
Auftragsnummer / *Order No.*	46305-150806
Anzahl der Seiten des Kalibrierscheines / *Number of pages of the certificate*	2
Datum der Kalibrierung / *Date of calibration*	19.05.2015

Dieser Kalibrierschein dokumentiert die Rückführung auf nationale Normale zur Darstellung der Einheiten in Übereinstimmung mit dem Internationalen Einheitensystem (SI).
Die DAkkS ist Unterzeichner der multilateralen Übereinkommen der European co-operation for Accreditation (EA) und der International Laboratory Accreditation Cooperation (ILAC) zur gegenseitigen Anerkennung der Kalibrierscheine.
Für die Einhaltung einer angemessenen Frist zur Wiederholung der Kalibrierung ist der Benutzer verantwortlich.
This calibration certificate documents the traceability to national standards, which realize the units of measurement according to the International System of Units (SI). The DAkkS is signatory to the multilateral agreements of the European co-operation for Accreditation (EA) and of the International Laboratory Accreditation Cooperation (ILAC) for the mutual recognition of calibration certificates.
The user is obliged to have the object recalibrated at appropriate intervals.

Dieser Kalibrierschein darf nur vollständig und unverändert weiterverbreitet werden. Auszüge oder Änderungen bedürfen der Genehmigung sowohl der Deutschen Akkreditierungsstelle GmbH als auch des ausstellenden Kalibrierlaboratoriums. Kalibrierscheine ohne Unterschrift haben keine Gültigkeit.
This calibration certificate may not be reproduced other than in full except with the permission of both the Deutsche Akkreditierungsstelle GmbH and the issuing laboratory. Calibration certificates without signature are not valid.

Datum / *Date*	Stellv. Leiter des Kalibrierlaboratoriums / *Deputy Head of the calibration laboratory*	Bearbeiter / *Person in charge*
22.05.2015	Thomas Schirmer	Helga Rüdel

Kistner Metrologie Service GmbH
Tottenheimerstraße 5
D-97944 Boxberg-Unterschüpf
Telefon (07930) 9937-0   Telefax (07930) 9937-37

Bild 3.2 Kalibrierschein (Beispiel 1)

Seite 2	15114563
Page	D-K-15181-01-00
	2015-05

Kistner Metrologie Service GmbH

Kalibriergegenstand *Object*	Gewindelehrring M12x1-4g Gut Ident Nr. N0070
Kalibrierverfahren *Calibration procedure*	Die Kalibrierung erfolgt nach Richtlinie DAkkS-DKD-R 4-3 Blatt 4.9. Kalibriert wird der einfache Flankendurchmesser (Option 1, "simple pitch diameter") in 2 Ebenen jeweils in Richtung A-B und C-D (0° und 90°). Der Wert für die Steigung wird nominell definiert und hat daher keine Unsicherheit. Der Flankenwinkel wird als mit einer Rechteckverteilung innerhalb seiner Toleranz (DIN ISO 1502) liegend angenommen und im Messunsicherheitsbudget berücksichtigt.
Messbedingungen *Conditions*	Der Kalibriergegenstand wurde zum Temperaturausgleich vor der Kalibrierung mindestens 12 Stunden im Kalibrierlabor aufbewahrt.
Dokumentation *Documentation*	
Umgebungsbedingungen *Surrounding conditions*	Temperatur: (20 ± 1) °C *Temperature* Relative Feuchte: (55 ± 10) % *relative humidity*

Messergebnisse/Results

Messpunkt (mm)	Messwert (mm)
Gutseite	
Ebene 1, 0°	11,3324
Ebene 1, 90°	11,3330
Ebene 2, 0°	11,3329
Ebene 2, 90°	11,3329

Messunsicherheit: $U = 2{,}9\ \mu m + 10 \ast 10^{-6} \ast d$ (d ist der Flankendurchmesser)

Angegeben ist die erweiterte Messunsicherheit, die sich aus der Standardmessunsicherheit durch Multiplikation mit dem Erweiterungsfaktor k = 2 ergibt. Sie wurde gemäß DAkkS-DKD-3 ermittelt. Der Wert der Messgröße liegt mit einer Wahrscheinlichkeit von 95 % im zugeordneten Werteintervall.

Bild 3.3 Kalibrierschein (Beispiel 2)

Werkskalibrierungen tragen den Nachweis der Rückführung nicht in sich, es sind somit weitere Nachweise notwendig. Die messtechnische Rückführung besteht aus sechs wesentlichen Elementen (DAkkS-DKD-5):

„5 Elemente der Rückführung

5.1 Die Rückführung ist durch mehrere wesentliche Elemente gekennzeichnet:

(a) eine ununterbrochene Kette von Vergleichen, die auf ein von den beteiligten Parteien anerkanntes Normal zurückgehen, gewöhnlich ein nationales oder internationales Normal;

(b) Messunsicherheit; die Messunsicherheit müsste für jeden Schritt in der Kalibrierkette nach vereinbarten Methoden berechnet und so angegeben werden, dass die Gesamtunsicherheit für die gesamte Kette berechnet werden kann;

(c) Dokumentation; jeder Schritt in der Kette muss nach in Unterlagen beschriebenen und allgemein anerkannten Verfahren durchgeführt werden; die Ergebnisse müssen ebenfalls dokumentiert werden;

(d) Kompetenz; die Laboratorien oder Stellen, die einen Schritt oder mehrere Schritte in der Kette ausführen, müssen ihre technische Kompetenz offenlegen, z. B. indem sie ihre Akkreditierung nachweisen;

(e) Bezug auf SI-Einheiten; die Kette von Vergleichen muss bei Primärnormalen zur Darstellung der SI-Einheiten enden;

(f) Nachkalibrierungen; Kalibrierungen müssen in angemessenen Zeitabständen wiederholt werden; die Länge dieser Zeitspannen hängt von einer Reihe von Variablen ab, z. B. der geforderten Unsicherheit, der Gebrauchshäufigkeit, der Gebrauchsart, der Messbeständigkeit der Einrichtung."

Die weit verbreitete Ansicht, die Angabe des verwendeten Normals auf dem Kalibrierschein sei der Nachweis der Rückführung, ist somit nicht richtig. Weder die ISO 17025 noch die DAkkS verlangt die Darstellung der Rückführung auf dem Kalibrierschein (Grund: zu hohe Komplexität). Die Akkreditierung der Organisation für die Bereiche der durchgeführten Kalibrierungen ist als Nachweis der Rückführung zu akzeptieren.

3.5 Prüfmittelüberwachung

Bei jeder Akkreditierungsbegutachtung und den Wiederholbegutachtungen wird die Rückführung intensiv geprüft.

Kalibrierrichtlinien

An erster Stelle sind hier DAkkS-DKD-Richtlinien zu nennen (Bild 3.4). Diese wurden in Fachausschüssen des DKD entwickelt. Durch die Neustrukturierung der Akkreditierungslandschaft in Deutschland sind diese Fachausschüsse nicht der neuen DAkkS, sondern der PTB zugeordnet worden. Unabhängig von übergeordneten Strukturen werden weiterhin Kalibrierrichtlinien durch die Fachausschüsse entwickelt.

Richtlinie DAkkS-DKD-R 4-3	Kalibrieren von Messmitteln für geometrische Messgrößen
Blatt 10.1 1. Neuauflage 2010	Kalibrieren von Bügelmessschrauben mit planparallelen oder sphärischen Messflächen

Bild 3.4 Richtlinien vom DAkkS *(www.dakks.de)*

Diese Kalibrierrichtlinien werden in der Regel als Grundlage für Akkreditierungen angewendet. In den Richtlinien dargestellte Verfahren sind die Mindestumfänge für Kalibrierungen. Die Prüfung weiterer Merkmale ist zulässig. Darüber hinaus lässt die DAkkS ausdrücklich andere Verfahren zu, die zur Akkreditierung gebracht werden können, falls es starke Argumente dafür gibt.

> Die DAkkS-DKD-Richtlinien sind im Internet unter *www.dakks.de* veröffentlicht und stehen allen Nutzern kostenfrei zur Verfügung.

Daneben werden unter der Führung des VDI VDI/VDE/DGQ-Richtlinien entwickelt. Zwei große Gruppen sind mit elektrischen und geometrischen Größen beschäftigt. Zum Teil sind die Mitarbeiter dieser Gremien auch in den Fachausschüssen der DKD tätig, so dass keine gänzliche

Parallelentwicklung läuft. Die VDI-Richtlinien beschreiben die Durchführung der Kalibrierung konkreter als die DAkkS-Richtlinien. Dies ist dort nicht so detailliert nötig, weil jedes Verfahren, das zur Akkreditierung gebracht werden soll, noch einmal von einem Fachbegutachter geprüft wird.

Für viele spezifische Prüfmittel und Prüfeinrichtungen gibt es keine Kalibrierrichtlinien oder allgemein anerkannte Verfahren. In diesen Fällen muss der Kalibrierprozess validiert werden. Bei der Validierung wird objektiv nachgewiesen, dass die Forderungen für diese spezifisch beabsichtigte Anwendung erfüllt worden sind. Bild 3.5 und Bild 3.6 zeigen einen entsprechenden Validierungsbericht.

Validierungsbericht

„Entwicklung eines Kalibrierverfahrens für Einstell-Bandproben für die Justage eines Röntgen-Durchlauf-Dickenmessgeräts"

Datum: 22.11.2015

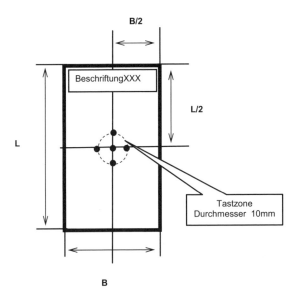

1. Kalibrierumfang

    1.1 Mittenmaß in Tastzone
    1.2 Obere Grenze der Abweichung von Mittenmaß
    1.3 Untere Grenze der Abweichung von Mittenmaß

2. Kalibrierverfahren

2.1   Messung der Dicke des Kalibriergegenstand zwischen 2 Kugeln mit Hilfe 1D-Längenmessgerät. Substitutionsmethode, Gebrauchsnormal PEM 1 mm.

2.2   Messungen wird in 5 Punkten: Mitte, oben, unten, links, rechts ca. 2,5 mm von der Mitte mit 3 Zyklus durchgeführt.

2.3   Ermittlung der Messkraftkorrekturfunktion für betrachtetes Probenmaterial.

2.4   Messkraftkorrektur wird durchgeführt nach Formeln:

$$a_k = a_1 + a_2 \cdot l$$
$$l_x = l_x^* - a_k$$

wobei:

Seite1 von 2

Bild 3.5 Validierungsbericht (1)

MetroServ
Kistner Metrologie Service

Validierungsbericht

a_k Korrektion der Messkraft
l Nenndicke der Probe

l^*_x Messwert
l_x Berichtigter Wert

3. Dokumentiert wird:

3.1 Mittenmaß

3.2 Obere Grenze der Abweichung von Mittenmaß

3.3 Untere Grenze der Abweichung von Mittenmaß

4. Messunsicherheit der Kalibrierung.

4.1 Modell

$$lx = l_{yx} - (l_{yN} - l_N) + \delta l_{NK} + \delta l_y + \delta l_{Nv} + \delta l_{NE} + \delta l_{MEAK} + \delta l_{MEWK} +$$
$$(\delta F_{KG} - \delta F_N) + l\ (\alpha \cdot \delta t + \delta\alpha \cdot \Delta t) + \delta\Theta + \delta W$$

wobei:

Komponente	Bezeichnung
Kali PEM	δl_{NK}
AbwSpanne PEM	δl_{Nv}
Anzeige SIP	δly
Ebenheit PEM Messfläche	δl_{NE}
MesAbw bei Kali SIP in Kleinem Bereich	δl_{MEAK}
Wiederholung SIP bei Kali	δl_{MEWK}
Messkrafteinstellung an PEM (Kugel Abplattung)	δF_N
Messkraft an KG (Verformung KG)	δF_{KG}
TemperaturDif KG-N	$\delta(\alpha*\delta t)$
TemperaturDif von 20°	$\delta\alpha*\Delta t$
Temper 2. Ordnung	$\delta\Theta$
Wiederholung KG.(Positionierung in gleichem Punkt)	δW

4.2 **U = 0,75 µm**

5. Kalibrierergebnisse, Beispiele.

Nennmaß mm	Mittenmaß mm	OG Abw.v.Mittenmass mm	UG Abw.v.Mittenmass mm	U µm
0,0247	0,02514	0,00020	0,00000	0,75
0,4955	0,49606	0,00020	-0,00017	0,75

a1 =	-0,68
a2 =	-0,023

Prüfer: TS; GG

Seite2 von 2

Bild 3.6 Validierungsbericht (2)

Ringversuche

Die zentrale Bedeutung der messtechnischen Rückführbarkeit und die Hierarchie der Kalibrierstellen wurden bereits dargestellt. Mit jedem Vergleich einer Messgröße mit einem Bezugsnormal in höherer Hierarchie geht eine Messunsicherheit in das Messergebnis ein. Diese Messunsicherheiten entstehen auch bei Kalibriervorgängen in internen und externen Kalibrierlaboratorien eines Landes. Daher sind in zunehmendem Maße diese nationalen Laboratorien an einer vergleichenden Prüfung interessiert zum Zwecke der

- Bewertung der Leistung von Laboratorien für bestimmte Prüfungen,
- Überwachung der eigenen Leistungsfähigkeit,
- Erkennung von Problemen und damit Einleitung von Verbesserungsmaßnahmen,
- Feststellung der Effektivität und Vergleichbarkeit von Prüfverfahren,
- Erhöhung des Vertrauens der Kunden,
- Erkennung von Unterschieden der Laboratorien und damit Bewertung der eigenen Leistungsfähigkeit,
- Validierung von Unsicherheitsanforderungen.

Diese vergleichenden Prüfungen werden auch „Ringversuche" genannt. Dazu steht eine Reihe von Normen zur Verfügung, die die Voraussetzungen zur Durchführung, die Durchführung selbst und die Auswertung beschreiben.

In der DIN ISO 5725 wird der Begriff „Ringversuch" definiert als:

Ringversuch
Ein Versuch unter Labors, bei dem die Leistungsfähigkeit jedes Labors bei einem vereinheitlichten Messverfahren am identischen Material untersucht wird.

Wesentliche Voraussetzungen für die Durchführung eines Ringversuchs ist die sorgfältige Planung unter zentraler Federführung einer kompetenten Stelle. Das könnte eines der am Ringversuch teilnehmenden Laboratorien sein. Die Planung beinhaltet unter Anderem wichtige Fragen wie

- Ist eine zufriedenstellende Norm für das Messverfahren verfügbar?
- Wie viele Laboratorien sollten am Ringversuch teilnehmen?
- Welche Anzahl von gleichartigen Proben sollte zugrunde liegen?
- Welcher Zeitrahmen sollte für die Messungen gegeben werden? Usw.

Besondere Aufmerksamkeit neben den sonstigen Voraussetzungen verdient bei der Durchführung des Ringversuchs die Anwendung eines einheitlichen Messverfahrens. Hierzu wird ein Dokument angefertigt, das in allen Einzelheiten das Messverfahren beschreibt. Nur wenn alle am Ringversuch teilnehmenden Laboratorien dieses genau beschriebene Messverfahren durchführen, sind die daraus erzielten Ergebnisse miteinander vergleichbar und damit verwertbar.

Die Auswertung und Bewertung sollte wiederum an zentraler Stelle durchgeführt werden unter Berücksichtigung von Neutralität und Vertraulichkeit. Für die Auswertung der Messergebnisse stellen die relevanten Normen mathematische Modelle zur Verfügung.

An dieser Stelle sei der Hinweis auf die DIN ISO 5725: Genauigkeit (Richtigkeit und Präzision) von Messverfahren und Messergebnissen gegeben. Diese Norm enthält die Teile 1 bis 6, von denen hier nur einige aufgeführt werden:

Teil 1:	Allgemeine Grundlagen und Begriffe,
Teil 2:	Grundlegende Methode für die Ermittlung der Wiederhol- und Vergleichspräzision,
Teil 3:	Präzisionsmaße eines vereinheitlichten Messverfahrens unter Zwischenbedingungen,
Teil 4:	Grundlegende Methoden für die Ermittlung der Richtigkeit eines vereinheitlichten Messverfahrens.

3.5 Prüfmittelüberwachung

Als neuere Norm sei hier die DIN EN ISO 17043: Konformitätsbewertung – Allgemeine Anforderungen an Eignungsprüfungen genannt.

Sie ersetzt die Normen DIN V 55394 Teil 1 und Teil 2: Eignungsprüfung durch Vergleiche zwischen Laboratorien und wurde erarbeitet, um eine einheitliche Grundlage zu schaffen zur Kompetenzfeststellung von Organisationen, die Eignungsprüfungen anbieten.

Die DIN EN ISO 17043 beschreibt zunächst in allgemeiner Form die technischen Anforderungen wie z. B.

- Personal,
- Einrichtungen, Räumlichkeiten und Umgebung,
- Durchführung von Eignungsprüfungsprogrammen,
- Bewertung und Berichte,
- Kommunikation mit den Teilnehmern usw.

Darüberhinaus enthält die DIN EN ISO 17043 die Anforderungen an das Management wie z. B.:

- Organisation,
- Lenkung der Dokumente,
- Beschaffung,
- Verbesserungen, Korrekturmaßnahmen,
- interne Audits usw.

Im Anhang finden Laboratorien, Akkreditierungsstellen und Genehmigungsbehörden zur Information konkrete Angaben zu Arten von Eignungsprüfungsprogrammen, statistische Verfahren zur Eignungsprüfung und -bewertung sowie Auswahl und Anwendung von Eignungsprüfungen.

Die Teilnahme an Eignungsprüfungen ist seit 2013 Forderung der DAkkS bei der Durchführung von Akkreditierungsverfahren. Die Laboratorien müssen dazu eine Strategie zur Eignungsprüfung entwickeln, die Teilnahme planen und den Nachweis der Teilnahme führen.

3.5.3 Einige Kalibrierprozesse

3.5.3.1 Bügelmessschraube

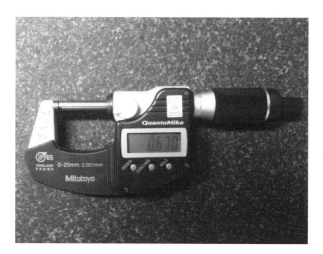

Bild 3.7 Bügelmessschraube

Für Bügelmessschrauben (Bild 3.7) sind die Richtlinien DAkkS-DKD-R 4-3 Blatt 10.1 und VDI/VDE/DGQ 2618 Blatt 10.1 in Anwendung.

Kalibrierumfang:

Zu ermitteln sind:

- Ebenheitsabweichung der Messflächen,
- Parallelitätsabweichung der Messflächen,
- Messabweichungen.

Ebenheitsabweichung:

Die Ebenheitsabweichung wird mit Planglasplatten geprüft. Dabei wird das Planglas einseitig leicht an die Messfläche angedrückt, dass sich ein keilförmiger Luftspalt bildet. Die Interferenzstreifen bzw. Interferenzringe werden gezählt und ausgewertet. Bild 3.8 und Bild 3.9 zeigen einen entsprechenden Messvorgang.

3.5 Prüfmittelüberwachung

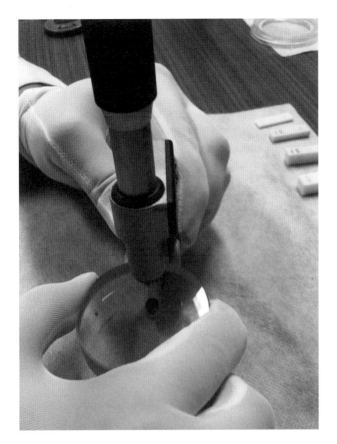

Bild 3.8 Messvorgang der Ebenheitsabweichung

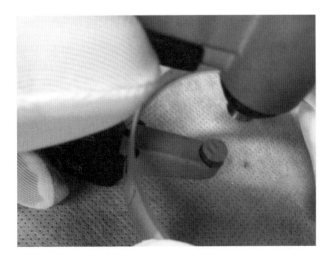

Bild 3.9 Ermittlung der Ebenheit

Parallelitätsabweichung:

Planparallele Prüfgläser in abgestuften Längen: durch Zählung der Interferenzstreifen wird die Parallelität der beiden Messflächen ermittelt. Bild 3.10 zeigt den Messvorgang der Parallelitätsabweichung.

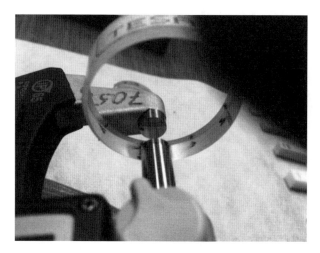

Bild 3.10 Messvorgang der Parallelitätsabweichung

Die Parallelitätsabweichung kann auch mit anderen Mitteln gemessen werden:

- Kugelendmaße,
- Kugeln,
- Prüfstifte: Mit diesen Maßverkörperungen müssen 4 um 90° versetzte Messpunkte gemessen werden. Die Spannweite der Messpunkte ist die Parallelitätsabweichung.

Messabweichungen:

Es müssen mindestens die Messabweichungen beim Anfangs- und Endwert des Messbereichs sowie an Zwischenwerten, deren Abstand ca. 5 mm beträgt, ermittelt werden. Die Zwischenwerte sind so zu wählen, dass bei unterschiedlichen Winkelstellungen der Skalentrommel kalibriert wird.

Bei einer Bügelmessschraube 0 bis 25 mm wird also die Nullstellung geprüft. Dann werden folgende Endmaße verwendet: 5,1 mm, 10,3 mm, 15 mm, 20,2 mm und 25 mm. Diese Endmaße sind als Sätze für Bügelmessschrauben am Markt. Bild 3.11 zeigt das Messergebnis einer Bügelmessschraube.

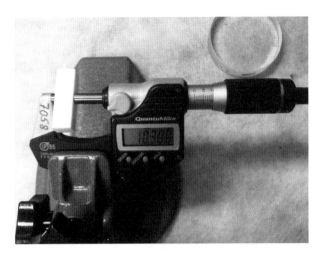

Bild 3.11 Messung der Messabweichung

3.5.3.2 Einstellring

Für Einstellringe sind die Richtlinien DAkkS-DKD-R 4-3 Blatt 4.1 und VDI/VDE/DGQ 2618 Blatt 4.1 in Anwendung.

DAkkS-Richtlinie:

In dieser Richtlinie sind verschiedene Kalibrieroptionen beschrieben. Abhängig von der jeweiligen Anwendung ist es sinnvoll, für an sich gleiche Prüfmittel unterschiedliche Kalibrierprozesse zu vereinbaren. Nachfolgend wird der Kalibrierumfang für Einstellringe betrachtet, die als Gebrauchsnormal für die Maßübertragung verwendet werden (z. B. zum Einstellen von 2-Punkt-Innenfeinmessgeräten; Messung der Messabweichung).

Kalibrierumfang:

Kalibrierung des Durchmessers in der Ebene 2 in einer Richtung (Schnitt A-B, also in Beschriftungsrichtung). Um den Einfluss nicht bekannter Formabweichungen zu erkennen, sind weitere vier Kalibrierungen in der Nähe der festgelegten Messposition durchzuführen. Hierzu wird der Kalibriergegenstand relativ zur Messeinrichtung etwas gedreht bzw. in axialer Richtung verschoben. An Kalibriergegenständen mit einem Durchmesser ≥ 6 mm sollten diese Messpositionen in axialer und in Umfangsrichtung etwa ± 1 mm von der festgelegten Messposition entfernt liegen. Kleinere Kalibriergegenstände (Durchmesser < 6 mm) sind um etwa ± 10° um ihre Achse zu drehen. Es sind vier Wiederholungsmessungen durchzuführen.

Bild 3.12 zeigt die Kalibrierung des Durchmessers und Bild 3.13 zeigt die Messung des Einstellrings mit einem 1-D-Längenkomparator.

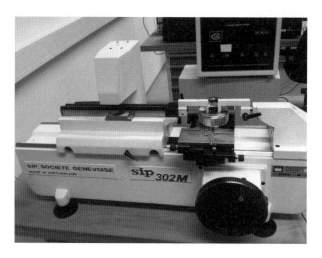

Bild 3.12 Kalibrierung des Durchmessers

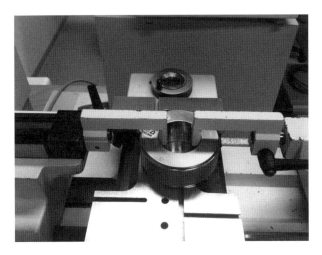

Bild 3.13 Messung des Einstellrings mit 1-D-Längenkomparator

3.5.4 Bewertung von Kalibrierergebnissen

Im Idealfall kann nach der Kalibrierung die dabei ermittelte systematische Messabweichung bei Einsatz des Prüfmittels korrigiert werden.

Bei den allermeisten Prüfmitteln wird dies jedoch nicht getan, weil dann eine individuelle Betrachtung jedes Prüfmittels erfolgen muss. Es genügt die Feststellung, ob das Prüfmittel innerhalb der vorgegebenen Grenzen liegt. Bei dieser Konformitätsaussage muss die Messunsicherheit des Kalibrierprozesses berücksichtigt werden.

Als Ergebnis der Kalibrierung wird das Prüfmittel bewertet. Normalerweise sind drei Bewertungen ausreichend:

- verwendbar,
- eingeschränkt verwendbar,
- nicht verwendbar.

Verwendbar sind die Prüfmittel, die die festgelegten Forderungen vollständig einhalten.

Eingeschränkt verwendbar sind die Prüfmittel, die einzelne Forderungen nicht einhalten, sofern sichergestellt werden kann, dass die Prüfmittel in den Teilen nicht mehr benutzt werden. So kann ein Multimeter noch für die Messung der Spannung verwendet werden, weil es bei der Kalibrierung in Ordnung war, nicht jedoch für Stromstärke, weil dabei die Grenzwerte überschritten wurden.

In jedem Fall ist die eingeschränkte Verwendbarkeit sowohl im Kalibrierschein zu dokumentieren als auch durch eine spezielle Kennzeichnung des Prüfmittels selbst, z. B. mit einem Aufkleber.

Nicht verwendbare Prüfmittel sind aus dem Bestand zu entfernen. Meistens werden solche Prüfmittel physisch zerstört, damit sie sicher nicht mehr eingesetzt werden können.

Die ISO 9000 fordert die Bewertung zurückliegender Ergebnisse von Qualitätsprüfungen, die im Zeitraum seit der letzten Kalibrierung mit dem nicht mehr verwendbaren Prüfmittel durchgeführt wurden. Über Maßnahmen ist zu entscheiden. Diese an sich richtige Forderung ist in der industriellen Praxis kaum realisierbar, weil die Produkte, die mit dem Prüfmittel geprüft wurden, schon lange im Endprodukt verarbeitet und im Einsatz sind. Allenfalls bei speziellen Messeinrichtungen, die kurzzyklisch kalibriert werden, ist dies realisierbar.

3.5.5 Kalibrierschein

Ein Teilaspekt der messtechnischen Rückführung ist die Dokumentation der einzelnen Schritte in der Kalibrierkette. Dazu gehört auch die Dokumentation der Kalibrierergebnisse.

DAkkS-Kalibrierscheine sind die „sicherste" Form der Kalibrierscheine, da der Aussteller des Scheins über seine Akkreditierung in die messtechnische Infrastruktur der Bundesrepublik Deutschland eingebettet ist und nachgewiesen hat, dass er sich an alle vereinbarten Regeln hält. Der DAkkS-Kalibrierschein erfordert keine weiteren Nachweise, ist ohne weitere Unterlagen gültig und wird auch international in den meisten Ländern anerkannt.

Das Layout und die geforderten Mindestinhalte der Kalibrierscheine werden von der DAkkS vorgegeben. Musterkalibrierscheine für alle Prüfmittel des Akkreditierungsumfangs sind im QMH hinterlegt, werden begutachtet und sind damit Bestandteil der Akkreditierungen.

Die in der Kalibrierhierarchie unterhalb der DAkkS-Kalibrierscheine erstellten Kalibrierscheine werden Werkskalibrierscheine genannt. DAkkS-akkreditierte Stellen haben einige Regeln für die Erstellung der Werkskalibrierscheine zu beachten, So ist verboten, das Layout des Werkskalibrierscheins dem des DAkkS-Kalibrierscheins anzunähern, damit sofort sichtbar wird, dass es sich nicht um eine DAkkS-Kalibrierung handelt. Das DAkkS-Logo darf auf Werkskalibrierscheinen nicht verwendet werden. Grundsätzlich ist die DAkkS für Werkskalibrierungen aber nicht zuständig.

Da es keine einheitliche Regel für Gestalt und Inhalt von Werkskalibrierscheinen gibt, gibt es immer wieder Diskussionen zwischen Kalibrierkunde und Kalibrierlabor, aber genauso zwischen dem Auditor und der Organisation, die z. B. nach ISO 9000 zertifiziert wird.

Gesicherte Aussagen zu Kalibrierscheinen gibt es in der ISO 17025 und in der Richtlinie DAkkS-DKD-5.

Laut der ISO17025 muss jeder Kalibrierschein mindestens folgende Angaben enthalten:

- den Titel „Kalibrierschein",
- den Namen und die Anschrift des Kalibrierlaboratoriums und falls abweichend, des Orts, an dem die Kalibrierung durchgeführt wurde,
- eindeutige Kennzeichnung des Kalibrierscheins (Seriennummer), jeder Seite des Kalibrierscheins und eine Identifikation des Endes,
- den Namen und die Anschrift des Kunden,
- Angabe des angewendeten Verfahrens,
- eine Beschreibung des Zustands und die eindeutige Kennzeichnung des Kalibriergegenstands,

- Datum der Durchführung der Kalibrierung,
- Hinweis auf vom Laboratorium oder anderen Stellen angewendeten Probenahmeplan und -verfahren, sofern für die Gültigkeit und die Anwendung der Ergebnisse bedeutsam,
- die Kalibrierergebnisse mit Angabe der Einheit,
- Name, Stellung und Unterschrift der Person, die den Kalibrierschein genehmigt,
- die Bedingungen (z. B. Umgebungsbedingungen), unter denen die Kalibrierung durchgeführt wurde,
- die Messunsicherheit,
- Aufschluss über die messtechnische Rückführung der Ergebnisse.

DAkkS-DKD-5 verlangt zusammengefasst folgende Inhalte:

- den Titel „Kalibrierschein" und den Namen der Akkreditierungsstelle,
- den Namen und die Anschrift des ausstellenden Laboratoriums, wie sie in den Akkreditierungsdokumenten angegeben sind und die Akkreditierungsnummer des Laboratoriums,
- die eindeutige laufende Nummer des Kalibrierscheins,
- eine geeignete Kennzeichnung (Identifikation) des Kunden,
- die Nennung von angewendeten Festlegungen oder Verfahren,
- die Bezeichnung des Kalibrier- oder Messgegenstands,
- das Datum, an dem die Kalibrierung oder Messung durchgeführt worden ist und das Datum der Ausstellung des Kalibrierscheins,
- die Messergebnisse und die damit verbundenen Messunsicherheiten oder eine Aussage zur Konformität mit einer festgelegten messtechnischen Spezifikation,
- Name(n) und Unterschrift(en) der bevollmächtigten Person(en),
- die Anzahl der Seiten, die der Kalibrierschein umfasst,

3.5 Prüfmittelüberwachung

- einen Hinweis, dass der Kalibrierschein ohne schriftliche Genehmigung des Kalibrierlaboratoriums nur vollständig abgedruckt werden darf,
- die Angabe der Befugnis, gemäß der der Kalibrierschein ausgestellt wird,
- die Bedingungen (z. B. Umgebungsbedingungen), unter denen die Kalibrierungen oder Messungen durchgeführt worden sind,
- eine generelle Aussage über die messtechnische Rückführung der Messergebnisse,
- wenn ein zu kalibrierendes Instrument justiert oder repariert wurde, müssen die Kalibrierergebnisse, falls verfügbar, vor und nach der Justierung oder Reparatur angegeben werden,
- Ort der Kalibrierung.

Da es im nicht akkreditierten Bereich keine gültigen Regeln gibt, wird es auch in Zukunft Diskussions- und Abstimmungsbedarf zwischen Auditor, Anwender von Prüfmitteln und Kalibrierdienstleister geben.

Auf das Ausstellen von Kalibrierscheinen auf Papier wird bereits heute vielfach verzichtet. Bei der DAkkS ist der papierlose Kalibrierschein möglich, muss aber nach wie vor eigens beantragt und genehmigt werden. Die meisten dieser Kalibrierscheindateien werden im PDF-Format erstellt.

Daneben gibt es auch die Möglichkeit, am Bildschirm aus den Kalibrierdaten heraus die Kalibrierung nachzuweisen, ohne dazu einen elektronischen Kalibrierschein erzeugen zu müssen. Diese Verwendung der originalen Daten hat den Vorteil, dass Auswertungen möglich sind.

Messunsicherheitsanalyse bei Kalibrierprozessen
Bereits Ende der 1970er-Jahre wurde von den metrologischen Staatsinstituten eine einheitliche, verbesserte Vorgehensweise bei der Ermittlung der Messunsicherheit gefordert. Unter der Federführung des BIMP (Bureau International des Poids et Mesures, deutsch: Internationales Büro für Gewichte und Maße), ist in Zusammenarbeit mit nationalen metrologischen Staatsinstituten (NMI) der GUM, „Guide to the Expression of Uncertainty in Measurement", „Leitfaden zur Angabe der Unsicherheit beim Messen", 1993 bei der ISO erschienen. Die erste Auflage in deutscher Sprache wurde 1995 veröffentlicht.

Der GUM ist in der Metrologie (nationale metrologische Institute und Kalibrierwesen) der einzige anerkannte, weltweite Standard. Seine Berechnungsverfahren werden ständig weiterentwickelt und ergänzt.

Da der GUM grundsätzlich auch im Prüfwesen in der Industrie angewendet werden kann, sind seine Inhalte in Kapitel 5 ausführlicher beschrieben.

■ 3.6 Fazit

Prüfmittel müssen erfasst, gekennzeichnet, verwaltet und überwacht werden. Die Kalibrierung wird nach Kalibrierrichtlinien unter festgelegten Voraussetzungen an Technik und Umgebung durchgeführt. Der Nachweis der Kalibrierung erfolgt mit Kalibrierscheinen (mittlerweile auch papierlos).

■ 3.7 Literatur

[DAkks-DKD-5] *Deutsche Akkreditierungsstelle GmbH (Hg.)* (2010): Anleitung zum Erstellen eines Kalibrierscheines. 1. Neuauflage. Braunschweig. (*http://www.dakks.de/sites/default/files/dakks-dkd-5_20101221_v1.2.pdf Stand: 10.03.2015*)

3.7 Literatur

Deutsche Gesellschaft für Qualität (Hg.) (2003): Prüfmittelmanagement. Planen, Überwachen, Organisieren und Verbessern von Prüfprozessen, 2. Auflage. Berlin: Beuth (DGQ-Band 13-61).

Deutsche Gesellschaft für Qualität e. V. (Hg.) (2012): Managementsysteme – Begriffe. 10. Auflage. Berlin: Beuth (= DGQ-Band 11-04).

DIN 1319-1: Grundlagen der Messtechnik – Teil 1: Grundbegriffe. Ausgabedatum: 1995-01. Berlin: Beuth.

DIN EN ISO 9000*: Qualitätsmanagementsysteme – Grundlagen und Begriffe (ISO 9000:2005); Dreisprachige Fassung EN ISO 9000:2005. Ausgabedatum: 2005-12. Berlin: Beuth.

DIN EN ISO 9000 Entwurf*: Qualitätsmanagementsysteme – Grundlagen und Begriffe. Ausgabedatum: 2014-08. Berlin: Beuth.

DIN EN ISO 9001:2008*: Qualitätsmanagementsysteme – Anforderungen (ISO 9001:2008); Dreisprachige Fassung. Ausgabedatum 2008-12. Berlin: Beuth.

DIN EN ISO 9001 Entwurf*: Qualitätsmanagementsysteme – Anforderungen (ISO 9001:2008); (deutsch/englisch). Ausgabedatum 2014-08. Berlin: Beuth.

ISO/IEC 17025: Allgemeine Anforderungen an die Kompetenz von Prüf- und Kalibrierlaboratorien. Ausgabedatum: 2005-05.

[VIM] Brinkmann, Burghart (2012): Internationales Wörterbuch der Metrologie. Grundlegende und allgemeine Begriffe und zugeordnete Benennungen (VIM). *Deutsch-englische [sic!] Fassung. ISO/IEC-Leitfaden 99:2007.* Korrigierte Fassung 2012. 4. Auflage. Berlin: Beuth.

---

* Dieses Buch berücksichtigt alle Änderungen der Revision von 2015, die von der DGQ intensiv begleitet wurde. Korrekterweise wird hier aus den offiziell als „draft international standard" herausgegebenen DIN EN ISO 9001 Entwurf:2014-08 und DIN EN ISO 9000 Entwurf:2014-08 zitiert, die zum Zeitpunkt der Drucklegung die aktuellste offiziell veröffentlichte Version waren.

4 Forderungen anderer Normen an das Prüfmittelmanagement

Anforderungen an die Mess- und Prüfmittelüberwachung sind in der DIN 32937 festgelegt. Diese Norm, in der auch die Planung, Verwaltung und Durchführung der Mess- und Prüfmittelüberwachung beschrieben sind, ist in dieser Hinsicht als Spezifizierung der DIN EN ISO 9001 zu verstehen und wird daher in dem Abschnitt 4.1 näher beschrieben.

Die ISO 10012 „[...] legt allgemeine Anforderungen fest und bietet Anleitungen für die Lenkung von Messprozessen und die metrologische Bestätigung von Messmitteln, die für die Unterstützung und den Nachweis der Übereinstimmung mit metrologischen Anforderungen eingesetzt werden" (EN ISO 10012:2003(D/E/F), S. 7).
In Abschnitt 4.2 wird diese Norm näher erläutert.

Zwar fordert die DIN EN ISO 9001 die Anwendung statistischer Verfahren, konkrete Regeln oder Verfahrensweisen werden jedoch nicht genannt. Deshalb wurde in Form der ISO/TR 10017 ein Leitfaden für die Auswahl und die Anwendung statistischer Verfahren entwickelt. Dieser Leitfaden stellt dreizehn statistische Methoden vor und erläutert deren Voraussetzungen sowie Nutzen und Grenzen der Anwendung.

Da die ISO 9000er-Reihe naturgemäß keine branchenspezifischen Normen liefert, stellten die Automobilhersteller eigene Forderungskataloge für das Qualitätsmanagement ihrer Zulieferer auf. Maßgeblich für deutsche Zulieferbetriebe waren vor allem die Standards des Verbands der

Automobilindustrie (VDA) und die Forderungen der US-amerikanischen Automobilindustrie, die in Form der QS-9000 von Chrysler, Ford und General Motors entwickelt und 1994 der Industrie vorgestellt wurden (QS-9000). Zur QS-9000 gehört das Handbuch zur Messsystemanalyse (MSA, englischsprachiger Originaltitel: „Measurement Systems Analysis. Reference Manual. Fourth Edition. June 2010"). In der MSA wird allerdings keine konkrete Vorgehensweise vorgeschlagen, sondern es werden die Grundlagen, die Bedeutung der Methodik und die verschiedenen Berechnungsverfahren beschrieben und an Beispielen erläutert. Firmeninterne Verfahrensanweisungen können auf der Grundlage der MSA entwickelt werden.

Die Veröffentlichung sowohl des GUM („Guide to the Expression of Uncertainty in Measurement") als Vornorm (DIN V EN 13005) wie auch der DIN EN ISO 14253, eine GPS-Norm für den Umgang mit der Messunsicherheit, im Jahr 1999 veranlassten den VDA, die Themen Prüfprozesseignung und Messunsicherheit zu bearbeiten. Die erste Auflage des VDA Band 5 wurde im Jahr 2003 herausgegeben (VDA 5a).

Die zweite vollständig überarbeitete Auflage des VDA Band 5 im Jahr 2010, aktualisiert im Juli 2011 (VDA 5b), hat gute Chancen, internationale Geltung zu erlangen, da jetzt die gleichen Vorgehensweisen und Berechnungsmethoden wie nach der neuen internationalen Norm ISO 22514-7 beschrieben werden. Die ISO 22514-7:2012-09 liegt bisher nur in englischer und französischer Sprache vor. Die deutsche Übersetzung des Titels lautet: „Statistische Verfahren im Prozessmanagement – Fähigkeit und Leistung – Teil 7: Fähigkeit von Messprozessen".

Bild 4.1 zeigt im Überblick diese Entwicklung.

Jedoch waren auch in diesen branchenspezifischen Standards keine konkreten Vorgehensweisen und Berechnungsmethoden enthalten. Entsprechende aktuelle Normen gibt es zurzeit ebenfalls nicht. Der Leitfaden zur Angabe der Unsicherheit beim Messen (DIN V ENV 13005) liegt nur als Vornorm vor. Das Normensystem Genauigkeit (Richtigkeit und Präzision) von Messverfahren und Messergebnissen (DIN ISO 5725-1 bis DIN ISO 5725-6), das die Grundlage für die Durchführung von Ringversuchen bildet, ist teilweise nicht mehr auf dem aktuellen Stand. Daher war und ist die Zuliefererindustrie weiterhin auf Firmenrichtlinien oder Verbandsempfehlungen angewiesen, mit denen Standards operationalisiert werden.

4 Forderungen anderer Normen an das Prüfmittelmanagement

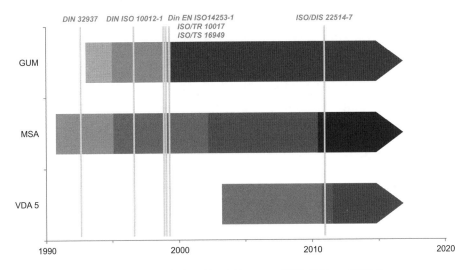

Bild 4.1 Normenumfeld der historischen Entwicklung von GUM, MSA und VDA 5

 In der Praxis der deutschen Automobilindustrie ist nach wie vor der 1999 (Leitfaden 1999) erstmals herausgegebene Leitfaden zum „Fähigkeitsnachweis von Messsystemen" 17. September 2002, Version 2.1 (Leitfaden 2002) von großer Bedeutung. Dieser erlangte in überarbeiteter und erweiterter Form im Jahr 2007 als Leitfaden „Eignungsnachweis von Prüfprozessen" für die Werke der DaimlerChrysler AG in Berlin, Hamburg und Stuttgart Geltung (DaimlerChrysler). Hingegen entspricht die Konzernnorm VW10119, Ausgabe 2012-04, vollinhaltlich dem VDA-Band 5 (VDA 5b).

Da es in den verschiedenen europäischen Ländern und in den USA unterschiedliche Regelwerke gab, wurden häufig Mehrfachzertifizierungen nötig. Zur weltweiten Harmonisierung des Qualitätsmanagements in der Automobilindustrie wurde deshalb die ISO/TS 16949 entwickelt, die aktuell als Vornorm DIN SPEC 1115 (DIN ISO/TS 16949:2009-11) vorliegt. Die ISO/TS 16949 enthält neben dem vollständigen Text der ISO 9001 spezifische Forderungen der Automobilhersteller. In der US-amerikanischen Automobilindustrie wird die QS-9000 seit dem 15. Dezember 2006 durch die ISO/TS 16949 ersetzt. Die Referenzhandbücher zur QS-9000, wie dasjenige zur Messsystemanalyse (MSA4), behalten jedoch weiterhin ihre Gültigkeit und sind als konkretisierende Leitfäden zur ISO/TS

16949 zu verstehen. Hingegen scheint die deutsche Automobilindustrie ihre eigenen Standards und Richtlinien weiterzuentwickeln (vgl. z. B. VDA 5a; VDA 5b und VDA 6.1).

Mitte 2016 wird voraussichtlich eine Revision der ISO/TS 16949 erscheinen. Die Arbeitsgruppe „ISO/TS 16949 Revision Group", zusammengesetzt aus Mitgliedern der International Automotive Task Force (IATF), hat den Auftrag, die ISO/TS 16949 hinsichtlich ihrer Struktur sowie geänderten Inhalten und Anforderungen an die ISO 9001:2015 anzupassen.

■ 4.1 DIN 32937:2006-07 Mess- und Prüfmittelüberwachung

Die „DIN 32937:2006-07 Mess- und Prüfmittelüberwachung: Planen, Verwalten und Einsetzen von Mess- und Prüfmitteln" wurde vom Arbeitskreis NA 152-04-01-01 AK „Prüfmittelüberwachung" des Normenausschusses Technische Grundlagen (NATG) erarbeitet. Sie soll die Einführung der Prüfmittelüberwachung und ihre Durchführung erleichtern.

Die „DIN 32937:2006-07 Mess- und Prüfmittelüberwachung: Planen, Verwalten und Einsetzen von Mess- und Prüfmitteln" legt die Anforderungen an die Mess- und Prüfmittelüberwachung fest und beschreibt ihre Anwendung für Prüfplanung, Verwaltung und Durchführung. Die Erfüllung dieser Anforderungen deckt entsprechende Anforderungen aus Managementsystemen, z. B. DIN EN ISO 9001, an die Prüfmittelüberwachung grundsätzlich ab.

Im Abschnitt Begriffe werden Prüfmittel als „in einem Prüfprozess eingesetzte Messmittel" bezeichnet. Der Prüfprozess wiederum ist ein „Prozess zur Darlegung der Konformität bezüglich festgelegter Anforderungen". Also ist auch in der DIN 32937 das Prüfmittel ein Messmittel, das zur Bestätigung der Einhaltung einer festgelegten Spezifikation eingesetzt wird.

Im Abschnitt 6 werden die Anforderungen an die Mess- und Prüfmittelüberwachung formuliert. Diese grundsätzlichen Anforderungen sind, wenn auch anders formuliert und in Reihe gebracht, identisch mit denen der ISO 9000 und 9001. Insofern ist der Anspruch richtig, dass man mit Erfüllung der DIN 32937 auch die Forderungen der ISO 9000 und 9001 zu diesem Thema erfüllt.

Die DIN 32937 ist inhaltlich wesentlich ausführlicher als die ISO 9000 und ISO 9001 und kann somit nützliche Hinweise zur Umsetzung der Prüfmittelüberwachung geben. Andererseits gibt es keine Anforderungen, die sich von ISO 9000 und 9001 unterscheiden oder über diese hinausgehen. Die DIN 32937 kann also bei der Umsetzung der Aufgabe Prüf- und Messmittelüberwachung Unterstützung geben, in Bezug auf die grundsätzlichen Anforderungen liefert sie aber keine neuen Erkenntnisse.

■ 4.2 DIN ISO EN 10012 Messmanagementsysteme

Die „DIN ISO EN 10012 Messmanagementsysteme – Anforderungen an Messprozesse und Messmittel" ist vom Normenausschuss ISO/TC 176 „Qualitätsmanagement und Qualitätssicherung" erarbeitet. Die Ausgabe 2004 ersetzt die frühere Ausgabe 1992.

Die „DIN ISO EN 10012 Messmanagementsysteme – Anforderungen an Messprozesse und Messmittel" legt allgemeine Anforderungen fest und bietet Anleitungen für die Lenkung von Messprozessen und die metrologische Bestätigung von Messmitteln, die für die Unterstützung und den Nachweis der Übereinstimmung mit metrologischen Anforderungen eingesetzt werden. Es werden Anforderungen an das Qualitätsmanagement von Messmanagementsystemen festgelegt, die von einer Organisation eingesetzt werden können, die als Teil ihres übergeordneten Managementsystems Messungen durchführt. Damit wird die Einhaltung der metrologischen Anforderungen sichergestellt.

In der ISO 10012 sind die Themen Messprozesse, Messmittel, metrologisches Merkmal, metrologische Bestätigung detaillierter und deutlicher ausgeführt als in der ISO 9000. Sie kann deshalb sehr gut als Ergänzung und Orientierungshilfe auch in Zertifizierungsprozessen dienen.

Praxisnah ist auch die Verwendung sogenannter Anleitungen, mit denen die allgemeinen Anforderungen dieser Norm erläutert oder abgeleitet werden, die aber auch anhand von Beispielen die Anforderungen besser verständlich machen sollen.

Diese internationale Norm ist nicht als ein Mittel zum Nachweis der Übereinstimmung mit ISO 9001, ISO 14001 oder mit weiteren Normen vorgesehen. Interessierte Kreise können jedoch im Zusammenhang mit Zertifizierungsvorgängen die Anwendung der vorliegenden Norm als Vorgabe für die Einhaltung von Anforderungen an Messmanagementsysteme vereinbaren. Die ISO 10012 eignet sich auch nicht als Ersatz oder Ergänzung für die Anforderungen der ISO/IEC 17025.

■ 4.3 Forderungen an Prüfmittel

Die Vorgehensweise und die Art der Überprüfung in Form von Prüfanweisungen ist beispielhaft in der VDI/VDE/DGQ-Richtlinie 2618 (z. B. VDI/VDE DGQ 2618 Blatt 1.1 und Blatt 1.2) beschrieben, deren Ausgabe aus dem Jahr 1991 zurzeit grundlegend überarbeitet und erweitert wird (vgl. *http://www.vdi.de/technik/fachthemen/mess-und-automatisierungstechnik/richtlinien/vdivdedgq-2618-pruefmittelueberwachung/*; Stand 27.05.2015). Diese Richtlinienreihe, die für die Prüfung von Messmitteln für geometrische Messgrößen gilt, ist bei neuen Geräten zur Überprüfung der Herstellerangaben bzw. für regelmäßige Überwachungen (Prüfmittelüberwachung) notwendig, um Veränderungen oder Fehler am Gerät selbst feststellen zu können. Die beschriebenen Prüfumfänge sind Mindestvorgaben, die nicht unterschritten werden dürfen.

 Die VDI/VDE/DGQ-Richtlinie 2618 „Prüfmittelüberwachung" regelt die Prüfung von Messmitteln für geometrische Messgrößen.

Zweck der VDI/VDE/DGQ-Richtlinie ist es, eine Basis zur Beurteilung neuer und gebrauchter Messmittel zu schaffen. Sie soll die Zusammenarbeit von Messmittelherstellern, Messmittelanwendern und Anbietern von Kalibrierdienstleistungen erleichtern und kann als Arbeitsanweisung für die Durchführung der Prüfmittelüberwachung herangezogen werden. Die Richtlinie enthält strukturierte Anweisungen zur Kalibrierung von Messmitteln für die Messgröße Länge, schwerpunktmäßig für handelsübliche, im werkstattnahen Bereich eingesetzte Messmittel.

Beispiele für Forderungen

Die Forderungen bezüglich des Eignungsnachweises von Messsystemen sind exemplarisch an folgenden Stellen aufgeführt (vgl. auch Kapitel 3.1, Auszug aus DIN EN ISO 9001):

- **Prüfprozesse** müssen für die Erzielung verlässlicher Prüfergebnisse qualifiziert sein (DIN 32937: Juli 2006; Auszug aus Abschnitt 4):
  „Die Qualität der Prüfprozesse und der darin eingesetzten Prüfmittel ist wesentliches Kriterium für die Verlässlichkeit der Prüfergebnisse. Voraussetzung dafür sind die Verwendbarkeit von Prüfmitteln, die rückgeführten Messergebnisse [...] mit Angabe der Messunsicherheit und die Eignung von Prüfprozessen".

- Das **Messmanagementsystem** und das **Messmittel** müssen folgenden Forderungen genügen (DIN EN ISO 10012:2003, Auszug aus Abschnitt 4 „Allgemeine Anforderungen"):
  „Das Messmanagementsystem muss sicherstellen, dass die festgelegten metrologischen Anforderungen erfüllt sind.
  [...]
  Die Organisation muss die den Vorgaben dieser internationalen Norm unterliegenden Messprozesse und Messmittel festlegen. Bei der Festlegung des Anwendungsbereichs und Umfangs des Messmanagementsystems müssen die Risiken und Folgen eines Nichteinhaltens der metrologischen Anforderungen berücksichtigt werden.

Das Messmanagementsystem besteht aus der Lenkung von festgelegten Messprozessen und der metrologischen Bestätigung von Messmitteln [...] sowie den erforderlichen Unterstützungsprozessen. Die Messprozesse innerhalb des Messmanagementsystems müssen gelenkt werden [...]. Alle Messmittel des Messmanagementsystems müssen bestätigt werden [...]".

- An den **Messprozess** werden folgende Anforderungen gestellt (Auszug aus: DIN EN ISO 10012:2003, Abschnitt 7.2.1 „Messprozess – Allgemeines"):
„*Messprozesse, die Teil des Messmanagementsystems sind, müssen geplant, validiert, verwirklicht, dokumentiert und gelenkt werden. Einflussgrößen, die den Messprozess beeinträchtigen, müssen ermittelt und berücksichtigt werden.
Die vollständigen Festlegungen für jeden Messprozess müssen Angaben zu allen relevanten Messmitteln, Messverfahren, zur Messsoftware, zu den Einsatzbedingungen, Bedienerfähigkeiten und allen sonstigen die Zuverlässigkeit des Messergebnisses beeinträchtigenden Faktoren enthalten. Die Überwachung des Messprozesses muss nach dokumentierten Verfahren erfolgen [...]*".

- An die Analyse der **Messunsicherheit** sind folgende Forderungen gerichtet (Auszug aus DIN EN ISO 10012:2003, Abschnitt 7.3.1 „Messunsicherheit"):
„*Die Messunsicherheit muss für jeden vom Messmanagementsystem [...] überwachten Messprozess abgeschätzt werden. Schätzwerte für Messunsicherheiten müssen aufgezeichnet werden. Die Analyse der Messunsicherheiten muss vor der Bestätigung des Messmittels und der Validierung des Messprozesses abgeschlossen werden. Alle bekannten Quellen für die Schwankungsbreite der Messungen müssen dokumentiert werden [...]*".

- **Messsysteme sind auf der Grundlage statistischer Untersuchungen zu beurteilen** (DIN SPEC 1115, DIN-Fassung der ISO/TS 16949:2009, Abschnitt 7.6.1, „Beurteilung von Messsystemen"):

„Für jede Art von Messsystemen müssen statistische Untersuchungen zur Analyse der Streuung der Messergebnisse durchgeführt werden. Diese Anforderung muss für alle Messsysteme, auf die im Produktionslenkungsplan Bezug genommen wird, angewendet werden. Die angewendeten Methoden und Annahmekriterien müssen denen in den Referenzhandbüchern des Kunden für die Beurteilung von Messsystemen entsprechen. Andere analytische Methoden und Annahmekriterien dürfen mit Genehmigung des Kunden angewendet werden".

- Die **Eignung der Prüfmittel** muss nachgewiesen sein (Auszug aus VDA 6.1, Abschnitt 16, „Prüfmittelüberwachung"):
„Voraussetzung zum Einsatz von Prüfmitteln (Prüfeinrichtungen einschließlich Prüfsoftware und Lehren) ist die Sicherstellung, dass das Prüfmittel für den vorgesehenen Zweck geeignet ist, z. B. durch Prüfmittelfähigkeitsnachweis, Vergleichsmessung [...]".

- Die **Messunsicherheit** muss bekannt und vertretbar sein (Auszug aus VDA 6.1, Abschnitt 16.3, „Werden nur Prüfmittel mit hinreichend kleiner Messunsicherheit eingesetzt?"):
„[...] Prüfmittel sind so auszuwählen, dass die zu prüfenden Merkmale mit einer vertretbaren Unsicherheit, die bekannt sein muss, gemessen werden können.
Abhängig von der Prozess-/Produktspezifikation und der Prüfanweisung des Kunden ergibt sich die höchstzulässige Messunsicherheit [...]".

- Für den **Fähigkeitsnachweis von Prüfmitteln** werden standardisierte Verfahren gefordert (VDA 6.1, Abschnitt 16.4, „Gibt es ein Verfahren zum Nachweis der Prüfmittelfähigkeit?"):
„[...] Die ‚Fähigkeit von Prüfmitteln' wird von der Messunsicherheit des Prüfmittels im Verhältnis zur Toleranz des Prüfmerkmals bestimmt. [...]

Die Fähigkeitsuntersuchung von Prüfmitteln ist über statistische Auswertung von Messreihen nachzuweisen. Dies kann rechnerisch oder grafisch erfolgen (Korrelationsdiagramm). Hierbei sind spezielle Kundenforderungen soweit möglich zu berücksichtigen, andere Verfahren sind ggf. zu vereinbaren.

Die Prüfmittelfähigkeit wird über die Wiederholbarkeit oder Vergleichbarkeit, mit Hilfe der Spannweiten-Methode oder der Mittelwert- und Spannweiten-Methode unter Beachtung des Zufallsstreubereiches (95/97,5/99 %) ermittelt.

Das Ergebnis der Untersuchung wird nicht nur durch das Prüfmittel selbst, sondern durch Einflüsse bestimmt, wie z. B.

- *Beschaffenheit der geprüften Produkte,*
- *Bedienungsperson,*
- *Messaufnahmen,*
- *Spannmittel,*
- *Umgebungsbedingungen.*

Die Notwendigkeit eines Fähigkeitsnachweises für Prüfmittel ist u. a. abhängig von:

- *der Messunsicherheit des Prüfmittels,*
- *der Komplexität des Prüfmittels,*
- *dem Einsatz ineinandergreifender Prüfmittel/Prüfmethoden. Das gilt vorwiegend für komplexe Prüfmittel wie z. B.:*
  - *Messmaschinen,*
  - *Mehrstellenmessvorrichtungen,*
  - *Messmittel zur statistischen Messwertaufnahme,*
- *Prüfmittel für elektronische Größen [...]".*

4.4 Literatur

[DaimlerChrysler] *QM-Werk Untertürkheim* (Hg.) (2007): Eignungsnachweis von Prüfprozessen. *Leitfaden LF 5*, Version 2007/1, Berlin, Hamburg, Untertürkheim: DaimlerChrysler AG.

Deutsche Gesellschaft für Qualität (Hg.) (2003): Prüfmittelmanagement. Planen, Überwachen, Organisieren und Verbessern von Prüfprozessen, 2. Auflage. Berlin: Beuth (DGQ-Band 13-61).

Dietrich, Edgar und *Schulze, Alfred,* (2014): Eignungsnachweis von Prüfprozessen. *Prüfmittelfähigkeit und Messunsicherheit im aktuellen Normenumfeld.* 4., überarbeitete Auflage. München, Wien: Hanser.

DIN 32937: Mess- und Prüfmittelüberwachung – Planen, Verwalten und Einsetzen von Mess- und Prüfmitteln. Ausgabedatum: 2006-07. Berlin: Beuth.

DIN EN ISO 10012: Messmanagementsysteme – Anforderungen an Messprozesse und Messmittel (ISO 10012:2003); *Dreisprachige Fassung EN ISO 10012:2003*. Ausgabedatum: 2004-03. Berlin: Beuth.

DIN EN ISO 14253-1: Geometrische Produktspezifikationen (GPS) – Prüfung von Werkstücken und Messgeräten durch Messen – Teil 1: Entscheidungsregeln für die Feststellung von Übereinstimmung oder Nichtübereinstimmung mit Spezifikationen (ISO 14253-1:1998); *Deutsche Fassung EN ISO 14253-1:1998*. Ausgabedatum: 1999-03. Berlin: Beuth.

DIN EN ISO 14253-1, Bbl 1: Geometrische Produktspezifikation (GPS) – Prüfung von Werkstücken und Messgeräten durch Messungen – Leitfaden zur Schätzung der Unsicherheit von GPS-Messungen bei der Kalibrierung von Messgeräten und bei der Produktprüfung (ISO/TS 14253-2 :1999). Ausgabedatum: 2000-05. Berlin: Beuth.

DIN EN ISO 9000*: Qualitätsmanagementsysteme – Grundlagen und Begriffe (ISO 9000:2005); *Dreisprachige Fassung EN ISO 9000:2005*. Ausgabedatum: 2005-12. Berlin: Beuth.

DIN EN ISO 9001:2008*: Qualitätsmanagementsysteme – Anforderungen (ISO 9001:2008); Dreisprachige Fassung. Ausgabedatum 2008-12. Berlin: Beuth.

DIN ISO 5725-1: Genauigkeit (Richtigkeit und Präzision) von Messverfahren und Messergebnissen – Teil 1: Allgemeine Grundlagen und Begriffe (ISO 5725-1:1994). Ausgabedatum: 1997-11. Berlin: Beuth.

DIN ISO 5725-2: Genauigkeit (Richtigkeit und Präzision) von Messverfahren und Messergebnissen – Teil 2: Grundlegende Methode für Ermittlung der Wiederhol- und Vergleichs-

---

* Dieses Buch berücksichtigt alle Änderungen der Revision von 2015, die von der DGQ intensiv begleitet wurde. Korrekterweise wird hier aus den offiziell als „draft international standard" herausgegebenen DIN EN ISO 9001 Entwurf:2014-08 und DIN EN ISO 9000 Entwurf:2014-08 zitiert, die zum Zeitpunkt der Drucklegung die aktuellste offiziell veröffentlichte Version waren.

präzision eines vereinheitlichten Messverfahrens (ISO 5725-2:1994 einschließlich Technisches Korrigendum 1:2002). Ausgabedatum: 2002-12. Berlin: Beuth.

DIN ISO 5725-3: Genauigkeit (Richtigkeit und Präzision) von Messverfahren und Messergebnissen – Teil 3: Präzisionsmaße eines vereinheitlichten Messverfahrens unter Zwischenbedingungen (ISO 5725-3:1994 einschließlich Technisches Korrigendum 1:2001). Ausgabedatum: 2003-02. Berlin: Beuth.

DIN ISO 5725-4: Genauigkeit (Richtigkeit und Präzision) von Messverfahren und Messergebnissen – Teil 4: Grundlegende Methoden für die Ermittlung der Richtigkeit eines vereinheitlichten Messverfahrens (ISO 5725-4:1994). Ausgabedatum: 2003-01. Berlin: Beuth.

DIN ISO 5725-5: Genauigkeit (Richtigkeit und Präzision) von Messverfahren und Messergebnissen – Teil 5: Alternative Methoden für die Ermittlung der Präzision eines vereinheitlichten Messverfahrens (ISO 5725-5:1998). Ausgabedatum: 2002-11. Berlin: Beuth.

DIN ISO 5725-6: Genauigkeit (Richtigkeit und Präzision) von Messverfahren und Messergebnissen – Teil 6: Anwendung von Genauigkeitswerten in der Praxis (ISO 5725-6:1994 einschließlich Technisches Korrigendum 1:2001). Ausgabedatum: 2002-08. Berlin: Beuth.

DIN SPEC 1115: Qualitätsmanagementsysteme – Besondere Anforderungen bei Anwendung von ISO 9001:2008 für die Serien- und Ersatzteil-Produktion in der Automobilindustrie (DIN ISO/TS 16949). Ausgabedatum: 2009-11. Berlin: Beuth.

DIN V ENV 13005 [GUM]: Leitfaden zur Angabe der Unsicherheit beim Messen. *Deutsche Fassung ENV 13005:1999.* Ausgabedatum 1999-06. Berlin: Beuth.

ISO/IEC 17025: Allgemeine Anforderungen an die Kompetenz von Prüf- und Kalibrierlaboratorien. Ausgabedatum: 2005-05. Berlin: Beuth.

ISO/TR 10017: Leitfaden für die Anwendung statistischer Verfahren für ISO 9001:2000. Ausgabedatum: 2003-05. Berlin: Beuth.

ISO 14001: Umweltmanagementsysteme – Anforderungen mit Anleitung zur Anwendung. Ausgabedatum: 2004-11. Berlin: Beuth.

ISO/TS 16949: Qualitätsmanagementsysteme – Besondere Anforderungen bei Anwendung von ISO 9001:2008 für die Serien- und Ersatzteil-Produktion in der Automobilindustrie. Ausgabedatum: 2009-06.

ISO 22514-7: Statistical methods in process management – Capability and performance – Part 7: Capability of measurement processes. First edition 2012-09-15. Berlin: Beuth.

[Leitfaden 1999] *Q-DAS GmbH:* Leitfaden d. Automobilindustrie zum „Fähigkeitsnachweis von Messsystemen". Birkenau, 1999.

[Leitfaden 2002] *Q-DAS GmbH:* Leitfaden zum „Fähigkeitsnachweis von Messsystemen" 17. September 2002, Version 2.1.

[MSA4] *Measurement Systems Analysis.* Reference Manual. 4th ed. Detroit, Mich.: Daimler-Chrysler; Ford Motor; General Motors.

4.4 Literatur

[QS-9000] *Chrysler Corp., Ford Motor Corp., General Motors Corp.* (1995): Quality Systems Requirements QS 9000. Detroit, Mi.

VDI/VDE DGQ 2618 Blatt 1.1: Prüfmittelüberwachung – Anweisungen zur Überwachung von Messmitteln für geometrische Größen – Grundlagen. Ausgabedatum: 2001-12. Berlin: Beuth. (vgl. http://www.vdi.de/technik/fachthemen/mess-und-automatisierungstechnik/richtlinien/vdivdedgq-2618-pruefmittelueberwachung/; Stand 27.05.2015).

VDI/VDE DGQ 2618 Blatt 1.2: Prüfmittelüberwachung – Anweisungen zur Überwachung von Messmitteln für geometrische Größen – Messunsicherheit. Ausgabedatum: 2003-12. Berlin: Beuth. (vgl. http://www.vdi.de/technik/fachthemen/mess-und-automatisierungstechnik/richtlinien/vdivdedgq-2618-pruefmittelueberwachung/; Stand 27.05.2015).

[VDA 5a] *Verband der Automobilindustrie* (Hg.) (2003): Prüfprozesseignung. *Verwendbarkeit von Prüfmitteln, Eignung von Prüfprozessen, Berücksichtigung von Messunsicherheiten.* Oberursel: Verband der Automobilindustrie (Qualitätsmanagement in der Automobilindustrie, 5).

[VDA 5b] *Verband der Automobilindustrie* (Hg.) (2011): Prüfprozesseignung. *Eignung von Messsystemen, Eignung von Mess- und Prüfprozessen, erweiterte Messunsicherheit, Konformitätsbewertung.* 2. vollständig überarbeitete Auflage 2010, aktualisiert Juli 2011. Berlin: Verband der Automobilindustrie (VDA), Qualitätsmanagement Center (QMC) (Qualitätsmanagement in der Automobilindustrie, Band 5).

[VDA 6.1] *Verband der Automobilindustrie* (Hg.) (2010): QM – Systemaudit. *Grundlage DIN EN ISO 9001 und DIN EN ISO 9004-1*, 4. Auflage, 2010). Berlin: Verband der Automobilindustrie (VDA), Qualitätsmanagement Center (QMC) (Qualitätsmanagement in der Automobilindustrie, VDA Band 6: Teil 1).

Teil II

Standard-Methoden zur Messunsicherheitsanalyse, Messsystemanalyse und Prüfprozesseignung

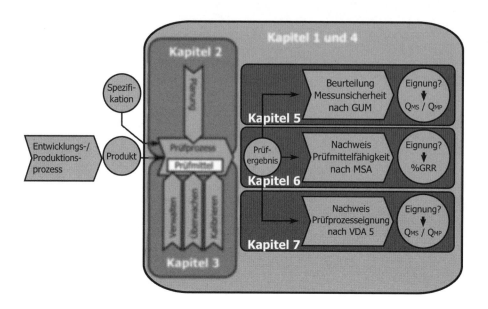

Übersicht Teil II

Dieser Teil beantwortet die Frage, wie der normenkonforme Nachweis zu führen ist, damit er für einen realisierten Prüfprozess geeignet ist. Gestaltet als Anwendungshilfen für die praktische Umsetzung, werden dem Leser drei Standardmethoden vorgestellt und erläutert. Nach der „Messunsicherheitsanalyse nach GUM" (Kapitel 5) folgt die „Messsystemanalyse nach MSA" (Kapitel 6). Schließlich wird die „Prüfprozesseignung nach VDA 5" (Kapitel 7) beschrieben.

Während sich die staatlich überwachten Bereiche (Metrologische Staatsinstitute, akkreditierte Prüf- und Kalibrierstellen) weltweit auf die Methode Messunsicherheitsanalyse nach GUM (DIN V ENV 13005) verständigt haben, bevorzugt die Fahrzeugindustrie mit ihren Zulieferern nach wie vor die Messsystemanalyse MSA. Die Anwendung der MSA erfordert kein messtechnisches Know-how, aber zumindest die Fähigkeiten, statistische Ergebnisse zu interpretieren und für die Weiterentwicklung der eigenen Prozesse zu nutzen. Der GUM erfordert viel messtechnisches Know-how, dazu noch mathematische Fähigkeiten, die nicht zu unterschätzen sind. Die dem GUM eigene Arbeitsweise, die Größe aller einzelnen Einflüsse zu ermitteln, gibt dem Anwender sehr konkrete Antworten auf die Frage, an welchen Stellen Potenziale zur Prozessverbesserung zu finden sind und wie groß diese Potenziale sind. Die MSA löst die meisten Einflüsse nicht einzeln auf und bietet deshalb wenig nachweisbare Hinweise, an welchen Stellgrößen im Prüfprozess angesetzt werden sollte. Die Prüfprozesseignung nach VDA 5 versucht, die Vorteile von GUM und MSA zu vereinigen und verspricht praktikable Lösungen, die zusätzlich der metrologischen und nicht nur der statistischen Normung entsprechen.

In der VDI/VDE-Richtlinie 2600, Ausgabe Oktober 2013, wird empfohlen, einen Prüfprozess zunächst anhand der Wahrscheinlichkeit und der Folgen eines fehlerhaften Prüfentscheids zu klassifizieren. Diese Identifizierung einer Risikoklasse folgt allerdings nicht objektivierbaren Kriterien. *„Die Festlegung der Risikoklassen muss von jedem Unternehmen individuell unter Berücksichtigung der Wirtschaftlichkeit der Produktion und den Risiken fehlerhafter Produkte durchgeführt werden"* (VDI/VDE 2600, S. 14).

Im Anschluss daran wird eine Methode zur Beurteilung der Eignung des Prüfprozesses gewählt, die der identifizierten Risikoklasse entspricht. Ein hohes Risiko erfordert regelmäßig eine Messunsicherheitsanalyse nach dem GUM. Vereinfachte Verfahren wie die MSA oder die Eignungsprüfung nach VDA Band 5 werden beim Vorliegen mittlerer Risiken vorgeschlagen. Bei geringen Risiken genügt es, die Schätzung der Messunsicherheit aus der Spezifikation des Messsystems herzuleiten.

In den folgenden Kapiteln werden die Arbeitsweisen der drei Standard-Methoden jeweils schrittweise beschrieben. Damit wird dem Anwender die Hilfestellung gegeben, selbstständig zu entscheiden, welche der Methoden im eigenen Tätigkeitsbereich sinnvoll angewendet werden kann, um die Ergebnisse von Qualitätsprüfungen zu interpretieren und zu bewerten.

■ Literatur

DIN EN ISO 9000*: Qualitätsmanagementsysteme – Grundlagen und Begriffe (ISO 9000:2005); Dreisprachige Fassung EN ISO 9000:2005. Ausgabedatum: 2005-12. Berlin: Beuth.

DIN EN ISO 9000 Entwurf*: Qualitätsmanagementsysteme – Grundlagen und Begriffe. Ausgabedatum: 2014-08. Berlin: Beuth.

DIN EN ISO 9001:2008*: Qualitätsmanagementsysteme – Anforderungen (ISO 9001:2008); Dreisprachige Fassung. Ausgabedatum 2008-12. Berlin: Beuth.

DIN EN ISO 9001 Entwurf*: Qualitätsmanagementsysteme – Anforderungen (ISO 9001:2008); (deutsch/englisch). Ausgabedatum 2014-08. Berlin: Beuth.

DIN V ENV 13005 [GUM]: Leitfaden zur Angabe der Unsicherheit beim Messen. Deutsche Fassung ENV 13005:1999. Ausgabedatum 1999-06. Berlin: Beuth.

[MSA4] *AIAG* (2010): Measurement Systems Analysis. Reference Manual. 4th ed. A.I.A.G. Chrysler Group LLC; Ford Motor Company; General Motors Corporation. Detroit, Michigan, USA.

[VDA 5] *Verband der Automobilindustrie (Hg.)* (2011): Prüfprozesseignung. Eignung von Messsystemen, Eignung von Mess- und Prüfprozessen, erweiterte Messunsicherheit, Konformitätsbewertung. 2. vollständig überarbeitete Auflage 2010, aktualisiert Juli 2011. Berlin: Verband der Automobilindustrie (VDA), Qualitätsmanagement Center (QMC) (Qualitätsmanagement in der Automobilindustrie, Band 5).

VDI/VDE 2600 Blatt 1. Prüfprozessmanagement – Identifizierung, Klassifizierung und Eignungsnachweise von Prüfprozessen. Ausgabedatum: 2013-10. Berlin: Beuth.

---

* Dieses Buch berücksichtigt alle Änderungen der Revision von 2015, die von der DGQ intensiv begleitet wurde. Korrekterweise wird hier aus den offiziell als „draft international standard" herausgegebenen DIN EN ISO 9001 Entwurf:2014-08 und DIN EN ISO 9000 Entwurf:2014-08 zitiert, die zum Zeitpunkt der Drucklegung die aktuellste offiziell veröffentlichte Version waren.

5 Messunsicherheitsanalyse nach GUM

GUM („Guide to the Expression of Uncertainty in Measurement")
Dieser „Leitfaden zur Angabe der Unsicherheit beim Messen" fokussiert eine international einheitliche Vorgehensweise beim Ermitteln und Angeben von Messunsicherheiten. Das Ziel dabei ist eine weltweite Vergleichbarkeit der Messergebnisse.

Der GUM bringt eine strukturierte Arbeitsweise mit sich, die im Prinzip immer gleich abläuft:

- Schritt 1: Festlegung der Messgröße, Beschreibung der Messaufgabe,

- Schritt 2: Ermittlung und Benennung aller Einflüsse, die Auswirkung auf das Messergebnis haben (Unsicherheitskomponenten),

- Schritt 3: Ermittlung der Standardunsicherheiten der einzelnen Unsicherheitskomponenten nach Methode A (Messreihen) oder Methode B (Vorinformationen),

- Schritt 4: Ermittlung der kombinierten Standardunsicherheit unter Berücksichtigung der Sensitivität der einzelnen Unsicherheitskomponenten,

- Schritt 5: Ermittlung der erweiterten Unsicherheit unter Berücksichtigung der effektiven Freiheitsgrade,

- Schritt 6: Dokumentation der Ergebnisse durch Erstellen eines Unsicherheitsbudgets und normgerechter Angabe der Messunsicherheit.

Prüfprozesse folgen einem allgemeinen Prozessmodell, in dem der Prozess auf eine (oder mehrere) Eingangsgröße(n) angewendet wird und danach ein Ergebnis als Ausgang liefert. Während der Anwendung des Prozesses sind viele Einflüsse wirksam.

Diese Einflüsse sind nicht konstant und sorgen mit ihren Schwankungen dafür, dass auch die Ergebnisse des Prozesses nicht konstant sind, sie streuen (siehe Bild 2.10).

Für die vernünftige und sachgerechte Bewertung von Messungen ist es notwendig, die Größe dieser Streuung der Ergebnisse des Messprozesses, die Messunsicherheit, zu kennen. So besteht ein vollständiges Messergebnis nach DIN 1319-1 aus dem Messwert und der dazugehörigen Messunsicherheit.

 Beispiel: 132 mm ± 0,01 mm.

Diese Bewertung von Messergebnissen mit Berücksichtigung der zugehörigen Messunsicherheit ist heute noch in vielen Bereichen nicht Stand der Technik. In der 2011 veröffentlichten Roadmap für die Fertigungsmesstechnik wird deshalb auf die „steigende Nachweispflicht der Messunsicherheit" hingewiesen (VDI/VDE-Gesellschaft 2011).

Im Prinzip ist es bei der Frage Messunsicherheit unerheblich, ob es sich um eine Messung an einem hergestellten Produkt für den normalen Warenverkehr oder um eine Kalibrierung eines Prüfmittels handelt. Realität ist aber, dass Kalibrierungen Bestandteil der metrologischen Infrastruktur sind und somit von den nationalen metrologischen Staatsinstituten beeinflusst werden. Der innerindustrielle Warenverkehr wird ohne diese Einflussnahme vollzogen und hat daher zum Thema Messunsicherheit eine andere Historie.

Das Prüfmittelmanagement ist für die beiden Bereiche Kalibrierung und Produkteprüfung verantwortlich, sodass eine einheitliche, zumindest aber eine abgestimmte Vorgehensweise schlüssig ist.

5.1 Messunsicherheit

Unter der Federführung des BIPM (Bureau International des Poids et Mesures, deutsch: Internationales Büro für Gewichte und Maße) wurde in Zusammenarbeit mit nationalen metrologischen Staatsinstituten (NMI) der GUM, „Guide to the Expression of Uncertainty in Measurement", „Leitfaden zur Angabe der Unsicherheit beim Messen", 1993 veröffentlicht (GUM E). Dies geschah in der Absicht, vollständig darüber zu informieren, wie man zu Unsicherheitsangaben kommt, und außerdem eine Grundlage für den internationalen Vergleich von Messergebnissen zu liefern. Die erste Auflage in deutscher Sprache erschien 1995 als „Leitfaden zur Angabe der Unsicherheit beim Messen" (als Vornorm: DIN V ENV 13005, 1999; im Folgenden: GUM).

Da der Original-GUM für Nichtwissenschaftler kaum verstehbar ist, begann der DKD (Deutscher Kalibrierdienst) bald mit der Erarbeitung der Schrift DKD-3: Angabe der Messunsicherheit beim Kalibrieren, Ausgabe 1998 (DKD-3). Mit dieser Schrift sollte dem Laborleiter eines Kalibrierlabors die Methode näher gebracht werden. Flankiert wurde das Ganze durch Beispiele aus dem Bereich der Kalibrierung (DKD-3-E1; DKD-3-E2).

Bis Ende des Jahres 2001 waren alle DKD-akkreditierten Kalibrierlabore dazu verpflichtet, Messunsicherheitsnachweise grundsätzlich nach dem Verfahren GUM zu führen. Auch heute spielen die Messunsicherheitsnachweise bei Neuakkreditierungen oder Erweiterungen des Akkreditierungsumfangs eine entscheidende Rolle.

Der GUM hat als DIN V ENV 13005:1999-06 unter dem Titel „Leitfaden zur Angabe der Unsicherheit beim Messen; Deutsche Fassung ENV 13005:1999" (GUM) Eingang in die Normung gefunden.

Die Aufnahme der Methode GUM in die internationale Normung dokumentiert, dass die Ermittlung der Messunsicherheit nicht auf den Bereich gesetzliches Messwesen oder das Kalibrierwesen beschränkt ist. Die Methode kann grundsätzlich bei allen Messprozessen für physikalische Größen angewendet werden.

5 Messunsicherheitsanalyse nach GUM

 Eine eingängige Definition für Messunsicherheit stammt aus dem VIM, Ausgabe 1994: „Dem Messergebnis zugeordneter Parameter, der die Streuung der Werte kennzeichnet, die vernünftigerweise der Messgröße zugeordnet werden könnte".

Es ist zu erkennen, dass der GUM einen gewissen (hohen) Anspruch mitbringt. Es muss die messtechnische Analyse hinsichtlich der Einflussgrößen erfolgen. Der mathematische Zusammenhang zwischen dem Einfluss und seiner Wirkung muss entwickelt werden (partielle Ableitung).

Da die heute aktiven Messtechniker die Lösung dieser Aufgaben in ihrer Ausbildung nicht gelernt haben, ist es in der Praxis sehr schwierig, den GUM in seiner ursprünglichen Form umzusetzen.

Die Entwickler des GUM haben keine alternative Lösung für die industrielle Praxis entwickelt. Der Grund für dieses Versäumnis liegt darin, dass in den NMIs (metrologische Staatsinstitute) meistens exklusive, aufwändige, teure Prüfprozesse angewendet werden, die spezielle, individuelle Betrachtungen notwendig machen.

Bereits in der Kalibrierstelle ist es mit der Exklusivität vorbei. Es gibt schätzungsweise 500 Kalibrierstellen in Deutschland, die Einstellringe kalibrieren. Eine 500-malige, individuelle Beschäftigung mit einem häufig angewendeten Prüfprozess kann weder wirtschaftlich noch sinnvoll sein. Die Kalibrierhierarchie im Messwesen wird in Kapitel 3.5 (Messtechnische Rückführung) näher erläutert und mit Bild 3.1 visualisiert.

Der GUM ist sehr allgemein gehalten, schwer lesbar, relativ wissenschaftlich verfasst und damit recht praxisfern. Deshalb wurde der Inhalt des GUM für verschiedene Zielgruppen und Anwendungsbereiche vereinfachend zusammengefasst und mit mehr zielgruppenspezifischem Praxisbezug herausgegeben. So liegen zum Beispiel vor:

- von dem Verband der Deutschen Automobilindustrie e. V. aus der Reihe „Qualitätsmanagement in der Automobilindustrie" der Band 5, mit dem Titel „Prüfprozesseignung" aus dem Jahr 2003; 2. vollständig überarbeitete Auflage 2010, aktualisiert Juli 2011 (VDA 5);

- von der DaimlerChrysler AG der Leitfaden Nr. 5, „Eignungsnachweis von Prüfprozesse" (DaimlerChrysler 2007).

Auf der Grundlage des GUM wurde außerdem ein praktisches, iteratives Verfahren entwickelt, das in der DIN EN ISO 14253-1 Bbl 1:2000-05 als „Prozedur für das UnsicherheitsMAnagement" (PUMA) eingeführt wurde. Diese Methode beruht im wesentlichen auf einer „Strategie der oberen Grenze". Dies bedeutet, Unsicherheiten werden zunächst bewusst höher geschätzt, um auf Messergebnissen beruhende falsche Entscheidungen zu vermeiden. Erst bei vorliegendem Bedarf, beispielsweise aufgrund gesetzlicher Auflagen oder um Kundenwünschen nachzukommen, werden Messunsicherheiten genauer und mit aufwändigeren Methoden eingegrenzt (PUMA 2000).

Im Folgenden wird die Arbeitsweise des GUM in vereinfachter Form dargestellt. Vertiefende Betrachtungen werden in Seminaren angeboten.

■ 5.2 GUM schrittweise

Nach dem GUM werden – im Gegensatz zu älteren Verfahren der Messunsicherheitsbestimmung – systematische und zufällige Beiträge zur Messunsicherheit gemeinsam berücksichtigt. Zudem wird besonderer Wert auf die strikte Abgrenzung der Methoden A und B zur Bestimmung des Einflusses der Messunsicherheitskomponenten auf das Messergebnis gelegt (Methode A: statistische Analyse von Messwerten, Methode B: alle anderen Verfahren zur Ermittlung des Schätzwertes einer Messunsicherheit).

Messunsicherheit ist in der Regel auf viele Ursachen zurückzuführen. Manche Komponenten der Messunsicherheit lassen sich aus der statistischen Verteilung einer Messreihe berechnen und mit der empirischen Standardabweichung charakterisieren. Für andere Komponenten werden Standardabweichungen auf der Grundlage vermuteter Wahrscheinlichkeitsverteilungen ermittelt, die auf Erfahrungen oder anderen Informationen beruhen. Diese Verfahren werden im Folgenden näher erläutert.

Tabelle 5.1 zeigt die im GUM verwendeten Formelzeichen.

Tabelle 5.1 Im GUM verwendete besondere Formelzeichen

a	1. Fehlergrenzwert 2. Trapezverteilung: untere Grundlinie des Trapezes
b	Trapezverteilung: obere Grundlinie
c_i	Sensitivitätskoeffizient des i-ten Unsicherheitsbeitrags
G	Gewichtungsfaktor
k	Erweiterungsfaktor
P	Aussagewahrscheinlichkeit
U	erweiterte Messunsicherheit
u	Standardmessunsicherheit
u_c	kombinierte Standardmessunsicherheit
u_{rel}	relative Standardmessunsicherheit
X_i	Eingangsgröße des i-ten Unsicherheitsbeitrags
x_i	Eingangsschätzwert des i-ten Unsicherheitsbeitrags
Y	Ausgangsgröße
y	Ausgangsschätzwert
ν_{eff}	effektiver Freiheitsgrad
ν_i	Freiheitsgrad

5.2.1 Schritt 1: Festlegung der Messgröße, Beschreibung der Messaufgabe

Zunächst werden die Ziele der Messung präzisiert. Dazu gehören die Definition der Messgröße sowie Beschreibungen des Messgeräts und des Messobjekts.

5.2.2 Schritt 2: Ermittlung und Benennung aller Einflüsse, die Auswirkung auf das Messergebnis haben

In dem zweiten Schritt der Messunsicherheitsbestimmung werden alle wesentlichen Komponenten zur Unsicherheit des Messergebnisses identifiziert und aufgelistet und die Beziehung der Messgröße Y (Ausgangs- oder Ergebnisgröße) zu den Eingangsgrößen X_i in einer mathematischen

Funktion ausgedrückt. In diese Modellgleichung müssen alle Größen, Korrektionen und Korrektionsfaktoren einfließen, die signifikant zur Unsicherheit des Messergebnisses beitragen:

$Y = f(X_1, X_2, \ldots, X_N)$

Zur Messunsicherheit kann eine Reihe von Komponenten beitragen, die mit Bezug auf die Quelle der jeweiligen Unsicherheit verschiedenen Kategorien zugeordnet werden können. Messunsicherheiten können verursacht werden durch:

- den Bediener,
- das Messobjekt,
- die Umwelt,
- die Messeinrichtung,
- die Organisation.

Ist die Messgröße über eine physikalische Prozessgleichung definiert, so sind auch die Komponenten der Prozessgleichung als Eingangsgrößen zur Bestimmung der Messunsicherheit zu berücksichtigen, soweit von diesen Komponenten ein signifikanter Einfluss auf die Messunsicherheit erwartet werden kann. Zur Veranschaulichung sei hier auf die Prozessgleichung zur Bestimmung des Body-Mass-Indexes BMI hingewiesen, der dem Quotienten aus Körpermasse (m) in Kilogramm und dem Quadrat der Körpergröße (l) in Metern entspricht.

$$BMI = \frac{m}{l^2}$$

Die Modellgleichung dazu kann unter Einbeziehung von Messunsicherheitsbeiträgen folgendermaßen aussehen:

$$BMI = \frac{(m+u_{WA} + u_{OB})}{(1+u_{HA} + u_{TZ} + u_{MS})^2}$$

Dabei gilt:

u_{WA}	Unsicherheit der Körperwaage
u_{OB}	Unsicherheit des Messobjekts beim Wiegen (z. B. nach Mahlzeit)
u_{HA}	Unsicherheit des Messobjekts beim Messen der Größe (Körperhaltung)
u_{TZ}	Unsicherheit des Messobjekts beim Messen der Größe (morgens/abends)
u_{MS}	Unsicherheit des Maßstabs

Wie noch dargelegt wird, wird die Gesamtunsicherheit bestimmt, indem – nach dem Unsicherheitsfortpflanzungsgesetz als besonderer Fall des Fehlerfortpflanzungsgesetzes (GUM, Abschnitte E.3.1 und E.3.2) – die Wurzel aus der Summe der Quadrate der einzelnen Beiträge gezogen wird.

5.2.3 Schritt 3: Ermittlung der Standardunsicherheit

Es werden zwei Methoden zur Bestimmung der Standardmessunsicherheiten der Eingangsgrößen $u(x_i)$ (auch Komponenten genannt) unterschieden. Jede dieser Eingangsgrößen hat eine Streuung, die ermittelt werden muss. Die Streuung wird als Standardabweichung angegeben. Die Standardabweichung einer Normalverteilung ist der Abstand des Wendepunkts der Gaußkurve vom arithmetischen Mittelwert der Messungen (siehe Bild 5.1).

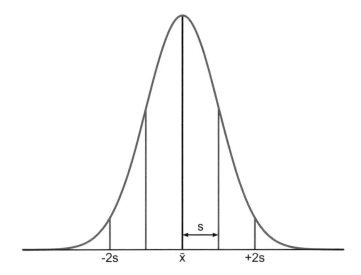

Bild 5.1 Standardabweichung

Die Methode A beruht auf der statistischen Analyse von Messwerten, während als Methode B alle anderen Verfahren zur Ermittlung des Schätzwerts einer Messunsicherheit bezeichnet werden.

 Komponenten Typ A
Die Größe der Streuung wird aus den Ergebnissen von Messreihen berechnet.

Komponenten Typ B
Die Größe der Streuung wird aus verfügbaren Informationsquellen ermittelt.

Beide Methoden benutzen Wahrscheinlichkeitsverteilungen, mit denen Erwartungswerte (Mittelwerte) und deren Varianzen bzw. Verteilungen berechnet werden. Der Unterschied zwischen den Methoden besteht lediglich in der Herkunft und damit auch in der Qualität der Daten. Während nach Methode A die Messwerte selbst beobachtet, also empirisch sind, wird bei Methode B auf bereits vorhandene Daten zurückgegriffen. Bei den Komponenten vom Typ B können also vorliegende, technische Information genutzt werden, ohne diese noch mal verifizieren zu müssen (zur Methodenwahl siehe Bild 5.2 und Bild 5.3).

5 Messunsicherheitsanalyse nach GUM

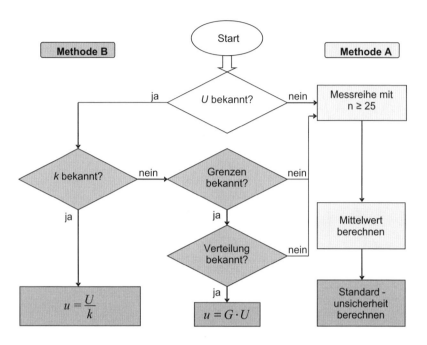

Bild 5.2 Entscheidungsablauf der Methodenwahl zur Bestimmung der Standardunsicherheit nach dem GUM

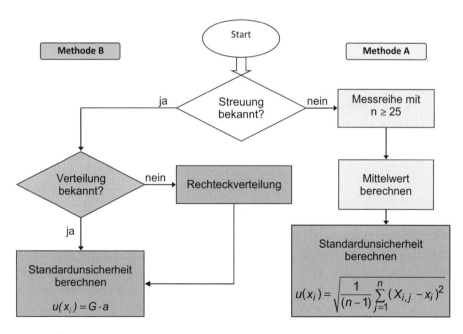

Bild 5.3 Üblicher Entscheidungsablauf der Methodenwahl zur Bestimmung der Standardunsicherheit in der messtechnischen Praxis

Beispiele für Komponenten Typ A:
- Temperaturmessungen (Umgebung, Messobjekt),
- Messungen der Formabweichung eines Messobjekts,
- Ermittlung der Auflösung eines analog anzeigenden Messgerätes mit Abschätzung von Zwischenwerten,
- Messungen der Messkraft,
- Messung der Abweichung einer Anzeige.

Beispiele für Komponenten Typ B:
- Herstellerangaben über Geräteeigenschaften,
- zulässige Fehlergrenzen aus DIN-Normen und anderen Richtlinien,
- Angaben aus Kalibrierscheinen (Messunsicherheiten, ermittelte Abweichungen),
- Erfahrungswerte aus früheren Untersuchungen ähnlicher Prüfprozesse,
- allgemeine Kenntnisse über Geräte, Verfahren oder Materialien.

Methode A zur Bestimmung der Standardunsicherheit

Zur Berechnung der Messunsicherheit nach Methode A werden aus einer Reihe von n unabhängigen Beobachtungen $X_{i,j}$ (k = 1 ... n) der Eingangsgröße X_i die Messwerte x_i und deren Standardabweichung ermittelt, die der Standardmessunsicherheit $u(x_i)$ entspricht. Damit der arithmetische Mittelwert der Messreihe als guter Schätzwert für den unbekannten wahren Wert der Größe X_i angenommen werden kann, sollten mindestens 25 Messungen durchgeführt werden. Denn je größer die Anzahl der Messungen ist, umso sicherer wird die Schätzung der Messunsicherheit. Es ist sinnvoll, die Messreihe um Ausreißer zu bereinigen. Zusätzlich wird in vielen Fällen eine Normalverteilung der beobachteten Werte angenommen, was mit einem entsprechenden statistischen Test (beispielsweise mit dem Shapiro-Wilk-Test oder dem Kolmogorow-Smirnow-Test) nachzuweisen ist. Somit können mit den folgenden Formeln der arithmetische Mittelwert

$$x_i = \frac{1}{n} \sum_{k=1}^{n} X_{i,k}$$

und die Standardunsicherheit

$$u(x_i) = \sqrt{\frac{1}{(n-1)} \sum_{k=1}^{n} \left(X_{i,k} - x_i\right)^2}$$

ermittelt werden.

Die nach Methode A berechnete Standardunsicherheit kann verringert werden, indem der ermittelte Beitrag zur Messunsicherheit durch mehrfache Wiederholmessungen mit Mittelwertbildung vermindert wird. Dazu muss nach einem Beispiel aus dem VDA Band 5 zuvor, *„unter gleichen Messbedingungen, die Standardabweichung aus 25-maliger Messungswiederholung bestimmt werden, das heißt für die Angabe der Messunsicherheit wird die Standardabweichung aus einer früheren Messreihe genutzt"* (VDA 5 2011, S.105; vgl. auch Kapitel 7.3).

Die Formel der Standardunsicherheit entspricht der Berechnung der Standardabweichung der Daten, wenn das Messergebnis ohne Messwiederholungen ermittelt wird. Die Formel der Standardunsicherheit entspricht der Berechnung des Standardfehlers, wenn das Messergebnis ein Mittelwert aus Mehrfachmessungen ist.

Methode B zur Bestimmung der Standardunsicherheit

Bei Methode B wird davon ausgegangen, dass statistische Verfahren zur Ermittlung der Unsicherheitskomponenten nicht notwendig sind, weil Informationen über die Streuung bereits vorliegen. Standardunsicherheiten werden deshalb aus diesen Vorinformationen geschätzt. Diese können sein:

- Daten aus früheren Messungen,
- Erfahrungen oder allgemeine Kenntnisse über Verhalten und Eigenschaften der relevanten Materialien und Messgeräte,
- Angaben des Herstellers,
- Daten von Kalibrierscheinen und anderen Zertifikaten,

- Unsicherheiten, die Referenzdaten aus Handbüchern zugeordnet sind (GUM 1999, S. 18).

Aus diesen Angaben und zusätzlichen Kenntnissen über die angenommene Verteilung lässt sich für die entsprechenden Eingangsgrößen die Wahrscheinlichkeitsverteilung schätzen, anhand derer die Standardunsicherheit berechnet wird.

Eine systematische Methode zur Ermittlung von Standardunsicherheiten nach Ermittlungsmethode Typ B ist die Transformation von Fehlergrenzen. Für alle Messwertverteilungen besteht ein bestimmtes Verhältnis zwischen der Standardabweichung und dem Grenzwert a. Da die Normalverteilung nicht begrenzt ist, wird die zweifache Standardabweichung als Grenzwert a entsprechend einer statistischen Sicherheit von näherungsweise 95 % verwendet. Als Grenzwertbezeichnung werden bei symmetrischer Verteilung –a und +a gewählt.

Wenn für Schätzwerte, die aus Vorinformationen stammen, die erweiterte Messunsicherheit U und der verwendete Erweiterungsfaktor k bekannt sind, zum Beispiel aus dem Kalibrierschein, dann muss U nur durch k dividiert werden, um die Standardunsicherheit der betreffenden Schätzwerte zu erhalten. Für diese Schätzwerte kann eine Normalverteilung angenommen werden.

In allen anderen Fällen wird die Standardunsicherheit aus Fehlergrenzwerten oder Ober- und Untergrenzen in Verbindung mit einer angenommenen Verteilungsform ermittelt. Durch Transformation der Fehlergrenzen wird aus der Verteilungsform auf einen Gewichtungsfaktor G geschlossen, mit dem der angegebene Fehlergrenzwert multipliziert wird. Je nach Erfahrungswerten und anderen Vorinformationen können Gewichtungsfaktoren nach Tabelle 5.2 angenommen werden.

Tabelle 5.2 Gewichtungsfaktoren der unterschiedlichen Verteilungsformen

Verteilungsform	Normal[1]	Rechteck	Dreieck	Trapez[2]	U-Form
Gewichtungsfaktor	0,5	$\dfrac{1}{\sqrt{3}}$	$\dfrac{1}{\sqrt{6}}$	$\sqrt{\dfrac{1+\frac{b}{a}}{6}}$	$\dfrac{1}{\sqrt{2}}$

[1] Der Gewichtungsfaktor 0,5 für die Normalverteilung gilt nur für Unsicherheitskomponenten, die nach Methode B ermittelt werden. Denn es kann grundsätzlich davon ausgegangen werden, dass die Fehlergrenzwerte einem Vertrauensniveau von 95 Prozent entsprechen. Dies bedeutet, dass für die Normalverteilung die zweifache Standardabweichung angenommen wird. Bei Methode A wird kein Gewichtungsfaktor für die Normalverteilung benötigt.

[2] Der Quotient b/a für den Gewichtungsfaktor der Trapezverteilung drückt das Verhältnis der Basis (a) des Trapezes zu seiner Oberseite (b) aus.

Normalverteilung

Gewichtungsfaktor: G = 0,5

Annahme: 95 % Überdeckungswahrscheinlichkeit (grauer Bereich in Bild 5.4)

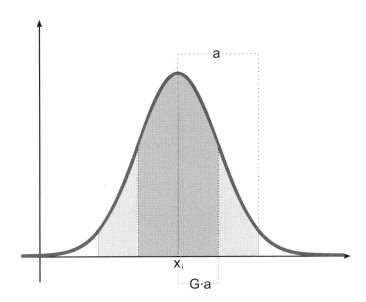

Bild 5.4 Normalverteilung

Beispiele:

- Messwerte aus Kalibrier- und Prüfscheinen mit Angabe des Überdeckungsfaktors,
- Messwerte aus Firmenhandbüchern und anderen Geräteunterlagen,
- empirisch ermittelte Messwerte.

Falls keine Hinweise auf andere Verteilungsformen vorliegen, ist als konservativste Variante die Rechteckverteilung zugrunde zu legen. Bei dieser Wahrscheinlichkeitsverteilung wird angenommen, dass alle Werte in einem durch eine Obergrenze und eine Untergrenze festgelegten Bereich liegen und die gleiche Wahrscheinlichkeit haben. Die Rechteckverteilung ist von endlicher Ausdehnung und „schlanker" als die Normalverteilung, die „Schwänze" hat (GUM 1999, S. 68).

Rechteckverteilung

Gewichtungsfaktor: $G = \dfrac{1}{\sqrt{3}}$

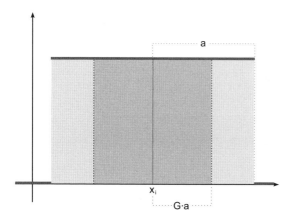

Bild 5.5 Rechteckverteilung

Beispiele:

- Messwerte aus Kalibrier- und Prüfscheinen ohne nähere Angaben zur Verteilung,
- Schätzung von Größen ohne weitere Informationen,
- empirisch ermittelte Messwerte,
- Ablesung von Digitalanzeigen.

Wenn allerdings erwartet werden kann, dass Werte, die innerhalb dieser Grenzen in Grenznähe liegen, weniger wahrscheinlich sind als solche, die näher an der Mitte des Bereichs liegen, muss eine andere Verteilungsform zugrunde gelegt werden, die diese Eigenschaft der Verteilung bei der Bestimmung der Standardunsicherheit berücksichtigt, wie die Dreieckverteilung. So gibt die „Praktische Anleitung zur Ermittlung von Unsicherheitskomponenten", der Anhang F des GUM, zu bedenken: *„Eine Rechteckverteilung der halben Weite hat die Varianz a2/3; eine Normalverteilung, bei der a die halbe Weite eines Bereichs mit einem Grad des Vertrauens von 99,73 Prozent ist, hat die Varianz a2/9. Es dürfte vernünftig sein, einen Kompromiss zwischen diesen beiden Werten zu finden, indem man zum Beispiel eine Dreieckverteilung annimmt, deren Varianz a2/6 beträgt"* (GUM 1999, S. 63).

Dreieckverteilung

Gewichtungsfaktor: $G = \dfrac{1}{\sqrt{6}}$

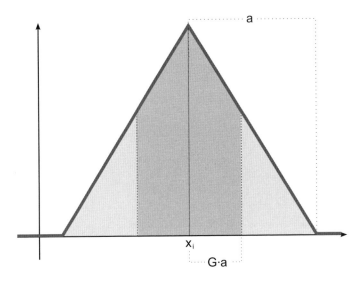

Bild 5.6 Dreieckverteilung

Beispiele:

- doppelte Messung mit gleicher Messanordnung,
- Differenzmessung Prüfobjekt und Normal,
- Zusammenfassung zweier Einflussgrößen mit gleicher Rechteckverteilung.

Stufenförmige Unstetigkeiten einer Funktion, wie sie bei der Rechteckverteilung vorliegen, sind in der Physik oft unrealistisch. *„Es ist dann sinnvoll, die symmetrische Rechteckverteilung durch eine symmetrische Trapezverteilung mit gleicher Steigung der Seitenkanten [...] zu ersetzen"* (GUM 1999, S. 20).

Trapezverteilung

Gewichtungsfaktor: $G = \sqrt{\dfrac{1 + \frac{b}{a}}{6}}$

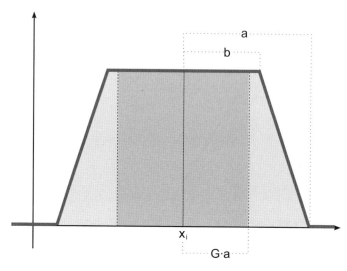

Bild 5.7 Trapezverteilung

Beispiel:

- Zusammenfassung zweier Einflussgrößen mit unterschiedlicher Rechteckverteilung.

Wenn angenommen werden kann, dass die Streuung der zu bestimmenden Eingangsgröße Sinusschwingungen folgt, dann kann eine U-Verteilung angenommen werden.

U-Verteilung

Gewichtungsfaktor: $G = \dfrac{1}{\sqrt{2}}$

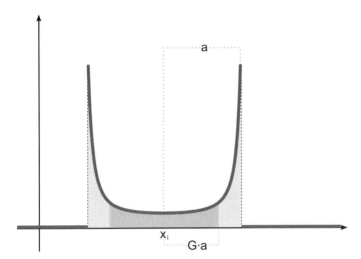

Bild 5.8 U-Verteilung

Beispiele:

- Reflexion auf Leitungen,
- Sinusschwingung.

Tabelle 5.3 veranschaulicht die Unterschiede wichtiger Verteilungsfunktionen hinsichtlich der Zusammenhänge zwischen Gewichtungsfaktor, Überdeckungswahrscheinlichkeit und Erweiterungsfaktor (Adunka 2007, S. 74; GUM 1999, S. 68).

Tabelle 5.3 Unterschiede wichtiger Verteilungsfunktionen

Verteilungsform	Normal	Rechteck	Dreieck
Gewichtungsfaktor	0,5	$\dfrac{1}{\sqrt{3}}$	$\dfrac{1}{\sqrt{6}}$
$P_{1\sigma}$ in %	68,3	57,74	65
P = 95,45 %	k = 2	k = 1,653	k = 1,927
P = 100 %	k → ∞	k = 1,73	k = 2

5.2.4 Schritt 4: Ermittlung der kombinierten Standardunsicherheit

Nach dem Gaußschen Fehlerfortpflanzungsgesetz wird die Messunsicherheit des Prüfprozesses nicht über die Addition der einzelnen Unsicherheiten ermittelt, sondern als Wurzel aus der Summe der Varianzen (Quadrate der Standardunsicherheiten). Die Messabweichungen sind Zufallswerte, die innerhalb des Streuungsbereiches variieren können, der durch die Standardunsicherheiten definiert ist. Dabei wird der Tatsache Rechnung getragen, dass bei der Gaußschen Normalverteilung nicht alle Werte des Bereichs gleich wahrscheinlich sind. In der Mitte des Bereichs gibt es mehr Messwerte als an den Rändern. Deshalb ist es weniger wahrscheinlich, dass mehrere Extremwerte bei den verschiedenen Einflüssen gleichzeitig vorkommen.

Die kombinierte Standardmessunsicherheit $u_c(y)$, die dem Messergebnis y zuzuordnen ist, ergibt sich somit für unkorrelierte Eingangsgrößen mit gleicher Empfindlichkeit aus der Wurzel der Summe der Quadrate der Unsicherheitsbeiträge der Eingangsgrößen:

$$u_c(y) = \sqrt{c_1^2 \cdot u^2(x_1) + c_2^2 \cdot u^2(x_2) + \ldots + c_N^2 \cdot u^2(x_N)}$$

Der Sensitivitätskoeffizient c_i beschreibt, mit welcher Empfindlichkeit die Ausgangsgröße Y von Änderungen des Schätzwertes x_i der Eingangsgröße X_i abhängig ist. Der Sensitivitätskoeffizient c_i für den Eingangsschätzwert x_i kann in der messtechnischen Praxis experimentell ermittelt werden, indem gemessen wird, wie ein bestimmtes X_i bei Konstanthaltung der übrigen Eingangsgrößen die Ausgangsgröße Y verändert. Da die experimentelle Bestimmung von Eingangsgrößen in der Praxis nur schwer durchführbar ist, wird der Sensitivitätskoeffizient c_i theoretisch über die partielle Ableitung der Modellfunktion $f(X_1, X_2, \ldots, X_N)$ nach der Größe X_i geschätzt mit N für die Anzahl der Einflussgrößen. (Streng genommen müsste die partielle Ableitung an dem Erwartungswert von X_i bestimmt werden):

$$c_i = \frac{\partial f}{\partial x_i} = \frac{\partial f}{\partial X_i}\bigg|_{X_1, X_2, \ldots, X_N}$$

Bei komplexen Modellen führen die Berechnungsvorschriften schnell zu einer nicht mehr handhabbaren analytischen Bestimmung der Sensitivitätskoeffizienten. In der Praxis der Fertigungsmesstechnik kann deshalb von Sonderfällen ausgegangen werden, die zu Sensitivitätskoeffizienten $c_i = 1$ und damit zur einfachen quadratischen Addition der Standardunsicherheiten der Eingangsgrößen führen (VDA 5 2011, S. 33):

$$u_c(y) = \sqrt{\sum_{i=1}^{N} u^2(x_i)}$$

Bei der Ermittlung der kombinierten Standardunsicherheit $u_c(y)$ ist unbedingt darauf zu achten, dass die Einheiten der Einflussgrößen korrekt angeben und miteinander verrechnet werden. Alternativ kann für jede Komponente der Messunsicherheit die relative Messunsicherheit berechnet werden:

$$u_{rel}(x_i) = \frac{u(x_i)}{x_i}$$

Der so ermittelt Wert fließt dann als dimensionslose Größe in die Berechnung der relativen kombinierten Standardunsicherheit ein.

5.2.5 Schritt 5: Ermittlung der erweiterten Unsicherheit

Da es unmöglich ist, alle Quellen einer Messunsicherheit zu erkennen und das Gewicht ihrer einzelnen Wirkungen korrekt einzuschätzen, kann die kombinierte Standardunsicherheit immer nur als Schätzung betrachtet werden. Dies gilt für Beiträge zur Messunsicherheit ohnehin, die nach Methode A ermittelt wurden. Der wahre Wert der kombinierten Standardunsicherheit ist umso genauer bestimmbar, je größer der Stichprobenumfang ist. Ein sinnvolles Maß, das den wahren Wert der Messgröße mit einer vorgegebenen Wahrscheinlichkeit enthält, ist der Vertrauensbereich. Die Grenzen des Vertrauensbereiches werden bestimmt, indem die kombinierte Standardunsicherheit $u_c(y)$ mit einem Erweiterungsfaktor k multipliziert wird. Damit erhält man:

$$U = k \cdot u(y)$$

Der Erweiterungsfaktor k ist von dem gewünschten Vertrauensniveau (Signifikanzniveau, zu den Überdeckungsanteilen siehe Bild 5.9) und der Anzahl der Freiheitsgrade der Ausgangsgröße U abhängig. Bei angenommener Normalverteilung oder einer unendlichen Anzahl von Freiheitsgraden der t-Verteilung gilt (GUM 1999, S. 75):

K	1	1,96	2	2,576	3
Signifikanzniveau (%)	68,27	95	95,45	99	99,73

„Der Freiheitsgrad einer Datenmenge ist gleich der Anzahl der einzelnen Elemente dieser Menge, abzüglich der Anzahl der hieraus gewonnenen Informationen" (Pesch 2003, S. 298). Ist zum Beispiel eine Messreihe mit acht Werten linear, so liegen diese Werte näherungsweise auf einer Geraden, die durch zwei Punkte A und B definiert ist. Der Freiheitsgrad dieser Messreihe beträgt dann: 8 – 2 = 6, da die Geradengleichung zwei Parameter A und B hat.

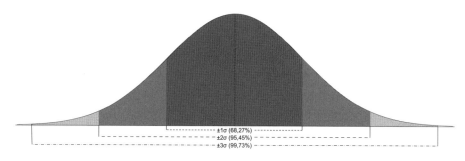

Bild 5.9 Ein- bis dreifache Standardabweichung der Normalverteilung mit Überdeckungsanteilen

Die Anzahl der Freiheitsgrade von Unsicherheitskomponenten, deren Standardunsicherheit nach Methode B ermittelt wird und die als genau bekannt angesehen werden können, geht gegen unendlich (GUM 1999, S. 74). Für die Rechtfertigung eines bestimmten Erweiterungsfaktors k für ein gewünschtes Vertrauensniveau ist es also letztlich entscheidend, ob eine hinreichend große Menge von Messwerten für Methode A vorliegt. Liegen mehrere Einflussgrößen vor, die nach Methode A ermittelt wurden, dann wird deren effektiver Freiheitsgrad nach der folgenden Welch-Satterthwaite-Formel berechnet (GUM 1999, S. 71):

$$V_{\text{eff}} = \frac{u_c^4(y)}{\sum_{i=1}^{N} \frac{u_i^4(y)}{V_i}}$$

Für die meisten praktischen Aufgaben genügt es, als effektive Anzahl der Freiheitsgrade der Gesamtunsicherheit die Anzahl der Freiheitsgrade der nach Methode A ermittelten Einflussgrößen zu nehmen. Diese Anzahl der Freiheitsgrade entspricht der Anzahl der Messwerte derjenigen Unsicherheitskomponente mit der geringsten Anzahl von Messwerten vermindert um die Freiheitsgrade der bereits festgelegten Größen Mittelwert und Standardabweichung. In diesem Fall gilt:

$$\nu_{\text{eff}} = (n-2)$$

In der Regel wird ein Vertrauensbereich mit einem Signifikanzniveau von 95,45 Prozent verwendet, der bei unendlich vielen Freiheitsgraden dem Erweiterungsfaktor 2 entspricht. In diesem Fall überdeckt der Vertrauensbereich denjenigen Bereich, in dem der wahre Mittelwert einer Stichprobe liegt, mit einer Wahrscheinlichkeit von 95,45 Prozent. Es ist allerdings wenig sinnvoll, zwischen einem Vertrauensniveau von 95 Prozent und einem mit 94 oder 96 Prozent zu unterscheiden. Besonders schwer ist die Rechtfertigung eines Vertrauensniveaus von 99 Prozent und mehr. Denn selbst unter der Annahme, alle systematischen Einflüsse erfasst zu haben, ist meist nur wenig über die extremen Anteile von Wahrscheinlichkeitsverteilungen der Eingangsgrößen bekannt (GUM 1999, S. 68).

Das vereinfachte Verfahren, das bisher geschildert wurde, ist für viele praktische Messsituationen geeignet und ausreichend. Im Anhang G des GUM werden unter anderem die folgenden Bedingungen für diese zu bevorzugende Verfahrensweise genannt:

- „der Schätzwert y der Messgröße Y wird aus den Schätzwerten x_i einer bestimmten Anzahl von Eingangsgrößen X_i gewonnen, die sich durch gutartig verhaltende Wahrscheinlichkeitsverteilungen, z. B. Normal- und Rechteckverteilungen, beschreiben lassen,

- die Standardunsicherheiten $u(x_i)$ dieser Schätzwerte, die entweder nach Ermittlungsmethode A oder B gewonnen werden, tragen mit vergleichbaren Anteilen zur kombinierten Standardunsicherheit $u_c(y)$ des Messergebnisses bei, […]

- die Unsicherheit von $u_c(y)$ ist klein genug, da die Anzahl ihrer effektiven Freiheitsgrade ν_{eff} erheblich ist, z. B. größer als 10" (GUM 1999, S. 74).

5.3 Dokumentation

Nach dem GUM soll die Dokumentation eines Verfahrens zur Ermittlung der Messunsicherheit die folgenden Informationen enthalten:

- eine Beschreibung und Definition der Messgröße Y,

- eine Beschreibung der verwendeten Methoden zur Berechnung des Messergebnisses und seiner Unsicherheit sowie aller Eingangsschätzwerte x_i und ihrer Standardunsicherheit $u(x_i)$, sodass die Vorgehensweise nachvollziehbar und reproduzierbar ist,

- eine tabellarische Auflistung aller Unsicherheitskomponenten mit einer vollständigen Dokumentation ihrer Auswertung,

- die Angabe des Messergebnisses zusammen mit seiner Unsicherheit.

Diese Forderungen werden z. B. durch die Erstellung eines Unsicherheitsbudgets erfüllt.

5.3.1 Erstellen eines Unsicherheitsbudgets

Nach dem GUM und nach DIN EN ISO 14253 (PUMA) werden die Ergebnisse der Schätzungen bzw. der statistischen Auswertungen der zur Unsicherheit eines Messergebnisses beitragenden Unsicherheitskomponenten in einem Unsicherheitsbudget zusammengefasst. Die Benennung „Budget" wird verwendet für die Zuordnung von Zahlenwerten zu den Unsicherheitskomponenten, deren Kombination und Erweiterung basierend auf dem Messverfahren, den Messbedingungen und -annahmen.

Das schrittweise Vorgehen der Bestimmung der Messunsicherheit – von der Ermittlung der Standunsicherheiten der Eingangsgrößen über die Berechnung der kombinierten Standardunsicherheit bis hin zur Angabe der erweiterten Messunsicherheit und der Anzahl der ihr zuzuordnenden effektiven Freiheitsgrade – ist in einem Unsicherheitsbudget zu dokumentieren. Für die einzelnen Unsicherheitsbeiträge wird jeweils eine Zeile vorgesehen. In den Spalten der Budgettabelle werden für jeden Unsicherheitsbeitrag dessen Bezeichnung, dessen Größe und Einheit, die Datenquelle, der Messwert bzw. Schätzwert, die vermutete Verteilung, die Anzahl der Messwerte bzw. der Grenzwert, der Gewichtungsfaktor, die Standardunsicherheit, der Sensitivitätskoeffizient und schließlich der aus diesen Kenntnissen resultierende Unsicherheitsbeitrag angegeben. Das Ergebnis der Messunsicherheitsbestimmung steht in den Fußzeilen der Budgettabelle (Tabelle 5.4).

Tabelle 5.4 Unsicherheitsbudget für das Beispiel „Lagerzapfen mit Messschieber" mit Berechnung der effektiven Freiheitsgrade nach der Welch-Satterthwaite-Formel

Bezeichnung des Unsicherheitsbeitrags	Einflussgröße	Maßeinheit	Methode	Quelle	Verteilung	+/− Grenzen	Anzahl der Messwerte	Gewichtungsfaktor	Standardunsicherheit	Sensitivitätskoeffizient	Einheit	Unsicherheitsbeitrag	Messwert bzw. Schätzwert
	X_i	$[X_i]$				a_i	n_i	G	$u(x_i)$	c_i	$[c_i]$	$u_i(y)$	x_i
Standardunsicherheit der Einzelmessungen	U-DAT1	mm	A	Eigene Messung	N		30	1,000	0,07830	1,000		0,0783	20,2779
Kalibrierunsicherheit	U_{KAL}	mm	B	Zertifikat	R	0,05		0,577	0,02887	1,000		0,0289	
Wärmeausdehnung des Messobjekts	U_{TEMP}	mm	B	Erfahrung	R	0,00		0,577	0,00001	1,000		0,0000	
Unkorrektes Ansetzen des Messschiebers	U_{BED}	mm	B	Erfahrung	D	0,02		0,408	0,00816	1,000		0,0082	
								Kombinierte Standardunsicherheit:			$u_c(y) =$	0,0839	
								Effektiver Freiheitsgrad:			$v_{eff} =$	38	
								Erweiterungsfaktor:			$k =$	2,0680	
Vertrauensniveau:			P =	95,45%				Erweiterte Messunsicherheit:			$U =$	0,1734	

5.3.2 Darstellung des Ergebnisses

Die Angabe der Messunsicherheit ist vereinbarungsgemäß auf beide Seiten zu beziehen. Da im Bereich ± s nur etwa 68 % der Messwerte liegen, ist er nicht repräsentativ für die Größe der Streuung. Für die Messunsicherheitsangabe wird der Bereich deshalb erweitert, der Erweiterungsfaktor für die in der Industrie relevanten Fälle ist 2. In diesem Bereich sind ca. 95 % aller Messwerte zu finden (Bild 5.10).

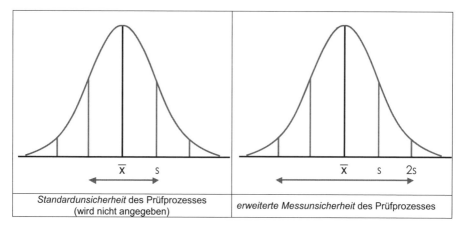

Bild 5.10 Unsicherheitsbereiche

Das Messergebnis wird in der Form Y = y ± U protokolliert. Dabei dürfen die Einheiten für y und U nicht vergessen werden. Für die erweiterte Unsicherheit U = $ku_c(y)$ wird der Erweiterungsfaktor k oder das Vertrauensniveau sowie möglichst auch die kombinierte Standardunsicherheit $u_c(y)$ angegeben. Dies kann zum Beispiel in der folgenden Form erfolgen:

> Die angegebene erweiterte Unsicherheit des Messergebnisses beruht auf der Multiplikation der kombinierten Standardunsicherheit mit dem Erweiterungsfaktor k = 2 oder einem Erweiterungsfaktor, der sich bei einem anzugebenden Vertrauensniveau (oft 95 Prozent) ergibt.

In der Praxis wird bei den allermeisten Prüfprozessen der Erweiterungsfaktor k = 2 gewählt. In diesem Fall überdeckt der Vertrauensbereich denjenigen Bereich, in dem der wahre Mittelwert einer Stichprobe liegt, mit einer Wahrscheinlichkeit von 95,45 Prozent.

5.4 Fazit

Der GUM ist international anerkannt. Für den GUM spricht außerdem die detaillierte Betrachtung der einzelnen Beiträge zur Messunsicherheit. Allerdings stellen deren Identifizierung sowie die korrekte Aufstellung einer Modellfunktion und eines vollständigen Unsicherheitsbudgets hohe Anforderungen an den Bearbeiter. Denn eine Bestimmung der Messunsicherheit nach dem GUM setzt außer den metrologischen Kenntnissen der betrachteten Prozesse auch fundiertes mathematisches und statistisches Fachwissen voraus. So muss der Anwender wissen, wie partielle Ableitungen und effektive Freiheitsgrade berechnet werden.

Wie der Nachweis der Eignung von Prüfsystemen und Prüfprozessen zu führen ist, wird in dem GUM selbst nicht erwähnt. In dem VDA Band 5 (VDA 5) wird dazu ein standardisiertes Verfahren vorgeschlagen, welches im Kapitel 7 dieses Buches näher beschrieben wird.

5.5 Literatur

Adunka, Franz (2007): *Messunsicherheiten. Theorie und Praxis.* 3. Auflage. Essen: Vulkan-Verlag.

[DaimlerChrysler] *QM-Werk Untertürkheim (Hg.)* (2007): *Eignungsnachweis von Prüfprozessen.* Leitfaden LF 5, Version 2007/1, Berlin, Hamburg, Untertürkheim: DaimlerChrysler AG.

Deutsche Gesellschaft für Qualität (Hg.) (2003): *Prüfmittelmanagement. Planen, Überwachen, Organisieren und Verbessern von Prüfprozessen,* 2. Auflage. Berlin: Beuth (DGQ-Band 13-61).

Dietrich, Edgar und *Schulze, Alfred* (2014): *Eignungsnachweis von Prüfprozessen. Prüfmittelfähigkeit und Messunsicherheit im aktuellen Normenumfeld.* 4., überarbeitete Auflage. München, Wien: Hanser.

[DKD-3] *Akkreditierungsstelle des Deutschen Kalibrierdienstes; Physikalisch-Technische Bundesanstalt* (2002): *Angabe der Messunsicherheit bei Kalibrierungen.* Ausgabe 01/1998. Braunschweig: DKD. (*http://www.dkd.eu/dokumente/Schriften/dkd_3.pdf* Stand: 10.03.2015).

[DKD-3-E1] *Akkreditierungsstelle des Deutschen Kalibrierdienstes (Hg.)* (2002): *Angabe der Messunsicherheit bei Kalibrierungen.* Ergänzung 1. Beispiele. Ausgabe 10/1998. Braunschweig: DKD. (*http://www.dkd.eu/dokumente/Schriften/dkd_3_erg_1.pdf* Stand: 10.03.2015).

[DKD-3-E2] *Deutsche Akkreditierungsstelle GmbH (DAkkS) (Hg.)* (2010): *Angabe der Messunsicherheit bei Kalibrierungen.* Ergänzung 2. Zusätzliche Beispiele. 1. Neuauflage 2010. Braunschweig: DAkks. (*http://www.dakks.de/sites/default/files/dakks-dkd-3-e1_20100614_v1.0_0.pdf* Stand: 10.03.2015).

[GUM] Deutsches Institut für Normung; Deutsche Elektrotechnische Kommission (1999): *Leitfaden zur Angabe der Unsicherheit beim Messen = Guide to the Expression of Uncertainty in Measurement = Guide pour l'expression de l'incertitude de mesure.* Juni 1999. Berlin: Beuth(Deutsche Normen, DIN V ENV 13005).

[GUM_E] *International Organization for Standardization* (2008): *Guide to the Expression of Uncertainty Measurement (GUM: 1995) = Guide pour l'expression de l'incertitude de mesure (GUM: 1995).* 1. edition. Geneva: International Organisation of Standardization (ISO-IEC guide, 98-3). *(http://www.bipm.org/utils/common/documents/jcgm/JCGM_100_2008_E. pdf* Stand 10.03.2015).

Pesch, Bernd (2003): *Bestimmung der Messunsicherheit nach GUM.* Messunsicherheitseinflüsse, Messunsicherheitsanalyse und -budgets, Verteilungen, Sensitivitätskoeffizienten und Gewichtungsfaktoren, Korrelation, Ergebnisse darstellen, Optimierungspozentiale, Beispiele, ausführliches Glossar. Norderstedt: Books on Demand (Grundlagen der Metrologie).

[PUMA] *Deutsches Institut für Normung (Hg.)* (2000): *Geometrische Produktspezifikation (GPS).* Prüfung von Werkstücken und Messgeräten durch Messungen. Leitfaden zur Schätzung der Unsicherheit von GPS-Messungen bei der Kalibrierung von Messgeräten und bei der Produktprüfung. Beiblatt 1 zu DIN EN ISO 14253-1. Berlin: Beuth (DIN EN ISO 14253-1 Bbl 1:2000-05).

[VDA 5] *Verband der Automobilindustrie (Hg.)* (2011): *Prüfprozesseignung.* Eignung von Messsystemen, Eignung von Mess- und Prüfprozessen, erweiterte Messunsicherheit, Konformitätsbewertung. 2. vollständig überarbeitete Auflage 2010, aktualisiert Juli 2011. Berlin: Verband der Automobilindustrie (VDA), Qualitätsmanagement Center (QMC) (Qualitätsmanagement in der Automobilindustrie, Band 5).

VDI/VDE-Gesellschaft Mess- und Automatisierungstechnik (GMA) (Hrsg.): Fertigungsmesstechnik 2020. *Technologie-Roadmap für die Messtechnik in der industriellen Produktion,* Düsseldorf 2011.

[VIM] Brinkmann, Burghart (2012): Internationales Wörterbuch der Metrologie. *Grundlegende und allgemeine Begriffe und zugeordnete Benennungen (VIM). Deutsch-englische [sic!] Fassung. ISO/IEC-Leitfaden 99:2007. Korrigierte Fassung 2012.* 4 Auflage. Berlin: Beuth.

6 Messsystemanalyse (MSA)

 Die Messsystemanalyse (MSA, englischsprachiger Originaltitel: „Measurement Systems Analysis. Reference Manual. Fourth Edition. June 2010") ist Bestandteil der QS-9000 konzentriert sich auf die Analyse der Fähigkeit von Messmitteln und Messsystemen.

Voraussetzung für eine Messsystemanalyse ist die Auswahl einer Messeinrichtung mit hinreichender Auflösung (R ≤ 5 % der Toleranz des zu messenden Merkmals). Bei der Messsystemanalyse selbst werden sechs teilweise aufeinander aufbauende oder auf spezielle Problemstellungen zugeschnittene statistische Verfahren unterschieden:

- *Verfahren 1:* Beurteilung der systematischen Messabweichung (Genauigkeit) und der Streuung (Richtigkeit) des Prüfmittels ohne Bedienereinfluss anhand eines Prüfnormals,

- *Verfahren 2:* Beurteilung des Prüfprozesses unter Berücksichtigung der Einflüsse der Bediener-, der Teileauswahl, der Wechselwirkung zwischen Bediener und Teil sowie der Umgebungsbedingungen. Dazu werden insbesondere sowohl die Wiederholbarkeit der Messergebnisse desselben Prüfers am selben Teil als auch die Reproduzierbarkeit am selben Teil durch verschiedene Prüfer ermittelt;

- *Verfahren 3:* Beurteilung des Prüfprozesses wie Verfahren 2, jedoch ohne Berücksichtigung des Bedienereinflusses,

- *Verfahren 4:* Untersuchung der Linearität der Messergebnisse über dem gesamten Messbereich durch Analyse der systematischen Messabweichung (Bi ≤ 5 % der Toleranz),

- *Verfahren 5:* Dokumentation der Stabilität der Messergebnisse der Messeinrichtung durch Überprüfen der Messbeständigkeit von Zeit zu Zeit,

- *Verfahren 6:* Attributive Messsystemanalyse für die Beurteilung von Prüflehren.

Im Unterschied zum GUM, mit dem eine messtechnische Aufarbeitung der Prüfprozesse stattfindet (GUM), werden bei MSA ausschließlich statistische Verfahren eingesetzt (MSA4). Diese Verfahren sind bis heute nicht genormt, sodass im Lauf der Zeit unterschiedliche Vorgehens- und Betrachtungsweisen entstanden sind. Die QS-9000 der amerikanischen Automobilindustrie als Variante der ISO 9000 wurde 2006 zurückgezogen, die MSA bleibt im Rahmen der AIAG Core Tools als Empfehlung bestehen.

Der VDA bezeichnet die MSA mittlerweile als „Teil der Wahrheit" und nimmt Auswertungen aus MSA in seine Berechnungen nach VDA 5 als Eingangsgröße auf (VDA 5). Problematisch ist bei der MSA, dass eigentlich vorliegende Informationen zu den messtechnischen Eigenschaften von Prüfmitteln, Messsystemen und Verfahren bis auf wenige Ausnahmen wie Auflösung der Messeinrichtung und Genauigkeit von Normalen nicht benutzt werden. Stattdessen werden aufwändige Messreihen gefahren, um nach verschiedenen Verfahren Streuungen zu ermitteln, die aber wiederum nur eine Momentaufnahme darstellen, da sich nur die momentan wirkenden Einflüsse auf die Streuung des Prozesses auswirken. Richtig durchgeführt, wären Wiederholungen der Messreihen über die Zeit notwendig, wobei auch diese nur zu wiederholten Momentaufnahmen führen würden und nicht zur Gesamtbetrachtung des Prüfprozesses.

Im Folgenden wird zwischen den Verfahren 1 bis 6 unterschieden. Diese Untergliederung wurde mit dem Leitfaden zum „Fähigkeitsnachweis von Messsystemen" (Leitfaden 1999) im Jahr 1999 eingeführt und findet in Firmenrichtlinien Verwendung, ist jedoch nicht Bestandteil der MSA. Beispielsweise entspricht das Verfahren 1, mit dem die systematische Messabweichung und die Streuung des Messgeräts ohne Bedienereinfluss mit Bezug auf die Kennwerte C_g und C_{gk} (siehe nachstehend) beurteilt wird, der Bestimmung der systematischen Messabweichung über einen t-Test nach den Richtlinien der MSA, die lediglich fordert, dass die systematische Messabweichung ausreichend klein, d. h. statistisch nicht signifikant ist (MSA4, S. 87). In der MSA wird zudem als Referenz die Gesamtstreuung bevorzugt, während VDA 5 und Firmenrichtlinien zufolge ermittelte Streuungen für eine relative Beurteilung in Bezug zur Toleranz gesetzt werden.

Die Vorgehensweise, die im Folgenden vorgeschlagen wird, ist ähnlich auch in den Leitfäden der Automobilindustrie (Leitfaden 1999; Leitfaden 2002; DaimlerChrysler 2007). Die Verfahren 2, 3 und 6 beziehen sich auf Analysemethoden, die vor allem in dem „Measurement Systems Analysis. Reference Manual. Fourth Edition. June 2010" (MSA4) vorgestellt werden.

Tabelle 6.1 zeigt die Abkürzungen, die in diesem Kapitel verwendet werden.

Tabelle 6.1 Bei der Messsystemanalyse verwendete besondere Formelzeichen

$\overline{X}$	arithmetischer Mittelwert
$\overline{X}_g$	arithmetischer Mittelwert einer am Normal erfassten Messwertreihe
σ_{GRR}	Standardabweichung des Messsystems
AV	Vergleichstreubreite (Appraiser Variation)
Bi	systematische Messabweichung
C_g	Kennzahl für die Fähigkeit des Messsystems ohne Berücksichtigung der systematischen Messabweichung (Bi)
C_{gk}	Kennzahl für die Fähigkeit des Messsystems mit Berücksichtigung der systematischen Messabweichung (Bi)
E	Messmittel (Equipment)
EV	Wiederholstreubreite (Equipment Variation)
f	Freiheitsgrade
GRR	Streubreite des Messsystems (Gage Repeatability and Reproducibility)
IA	Streubreite der Wechselwirkung (Interaction)
k	Anzahl der Prüfer

Tabelle 6.1 *Fortsetzung*

n	Anzahl der Teile (Stichprobenumfang)
ndc	Anzahl unterscheidbarer Bereiche (number of distinct categories)
O	Teil (Objekt)
OEG	obere Eingriffsgrenze
OGW	oberer Grenzwert
OSG	obere Streugrenze
P	Prüfer
p_e	Summe der erwarteten Anteile der diagonalen Zellen
p_o	Summe der beobachteten Anteile der diagonalen Zellen
PO	Prüfer/Teil
PV	Teilestreuung (Part Variation)
r	Anzahl der Wiederholmessungen
RE	Auflösung (resolution)
s	empirische Standardabweichung
s_E	empirische Standardabweichung des Messmittels (Wiederholstandardabweichung)
s_g	Wiederholstandardabweichung des Messmittels beim Vermessen des Normals
s_O	empirische Standardabweichung des Teileeinflusses
s_P	empirische Standardabweichung des Prüfereinflusses (Vergleichstandardabweichung)
s_{PO}	empirische Standardabweichung der Wechselwirkung zwischen Prüfer und Teil
$\hat{s}^2_E$	geschätzter Einfluss des Messmittels
$\hat{s}^2_O$	geschätzter Einfluss der Teile
$\hat{s}^2_{PO}$	geschätzter Einfluss der Wechselwirkung zwischen Prüfer und Teil
$\hat{s}^2_P$	geschätzter Einfluss des Prüfers
T	Merkmalstoleranz
TV	Gesamtstreubreite
UEG	untere Eingriffsgrenze
UGW	unterer Grenzwert
USG	untere Streugrenze

Tabelle 6.1 *Fortsetzung*

x_B	berichtigtes Messergebnis
x_E	Messergebnis
x_i	Eingangsschätzwert
x_m	richtiger Wert des Einstellmeisters (auch x_r)
κ	Kappa-Koeffizient

■ 6.1 Auswahl eines Messgeräts mit hinreichender Auflösung

Um ein Messgerät überhaupt einsetzen zu können, muss es eine hinreichend feine Auflösung aufweisen: Man sucht dazu den kleinstmöglichen darstellbaren Anzeigeunterschied des Messgerätes. Das ist bei digitalen Messgeräten der Wert eines Ziffernsprungs an der letzten Stelle der angezeigten Zahl. Bei analog anzeigenden Messgeräten ist dies die kleinste unterscheidbare Zeigerstellung auf der Anzeige. Diese kleinste darstellbare Messgrößenänderung bezeichnet man als Auflösung des Messgeräts.

Die Auflösung RE (von engl. resolution) des Messgeräts sollte kleiner oder gleich 5 % der Toleranz (= Toleranz/20) des zu messenden Merkmals sein.

$$RE \stackrel{!}{\leq} 0,05 \cdot T$$

Diese Forderung stellt eine Verschärfung der seit Jahrzehnten gültigen Faustregel dar. Sie lautete: „Wähle ein Messgerät, das eine Stelle mehr anzeigt als die Toleranz, die du prüfen willst." Demnach wäre eine Auflösung von Toleranz/10 ausreichend gewesen. Da die Messgerätefähigkeit aber heute vor allem als Voraussetzung zum Nachweis der Kurzzeit- oder Prozessfähigkeit dient, schlägt die geforderte reduzierte Streuung der Merkmalswerte auch auf eine feinere erforderliche Auflösung durch.

Ob die Auflösung fein genug war, zeigt sich manches Mal erst nach dem Vorliegen der Merkmalswerte aus dem Prozess. Schließlich darf die Auflösung nicht gröber sein als die erforderliche Klassenweite zur Klassierung von Merkmalswerten. Beim Auswerten von Messreihen wird empfohlen, dass $\sqrt{n}$-unterscheidbare Klassen bei der Klassierung entstehen. Mithin sollten sich die 50 Messwerte aus einer Kurzzeitfähigkeitsuntersuchung (Maschinenfähigkeit) in ca. sieben Klassen unterteilen lassen und die 125 Werte aus einer vorläufigen Prozessfähigkeitsuntersuchung in elf Klassen. Wenn die Auflösung zu einer Unterschreitung dieser Klassenzahlen führt, ist das Messgerät hinsichtlich Auflösung prinzipiell untauglich!

Hinweis: Ausnahmeregelungen sind lediglich bei sogenannten „kleinen Toleranzen" oder beim Erreichen einer physikalisch-technischen Grenze zulässig.

■ 6.2 Auswahl eines geeigneten Normals oder Referenzteils

Die Messunsicherheit, mit der das Referenzteil kalibriert wurde, sollte 5 Prozent der Merkmalstoleranz nicht überschreiten.

Es ist ein Normal oder Referenzteil zu verwenden, dessen richtiger Wert x_r durch Kalibrierung auf nationale oder internationale Normale rückführbar ist und sich im Zeitraum der Untersuchung nicht verändert. Die Messunsicherheit des Normals oder Referenzteils darf nicht größer sein als 5 Prozent der Toleranz des zu messenden Merkmals. Bei der Kalibrierung sollte die Messunsicherheit auf dem Kalibrierschein angegeben sein.

Der richtige Wert des Normals sollte im Idealfall dem Mittelwert der zu prüfenden Merkmalstoleranz entsprechen. Abweichende Werte innerhalb des Toleranzbereichs des zu prüfenden Merkmals gelten auch als problemlos. Richtige Werte außerhalb des Toleranzbereichs sind grundsätzlich zu vermeiden. Sofern der richtige Wert dennoch außerhalb des Toleranzbereichs liegt, ist zusätzlich eine Linearitätsuntersuchung durchzuführen.

Sofern keine Angabe zur Messunsicherheit vorliegt, kann ersatzweise anhand der angegebenen Stellenzahl des Normals auf die Unsicherheit geschlossen werden. Dann entspricht die Abweichung aufgrund der natürlichen Rundung der Auflösung. Ist die Länge eines Endmaßes, das als Normal verwendet werden soll beispielsweise mit 25,00 mm angegeben, kann aufgrund der natürlichen Rundung davon ausgegangen werden, dass der richtige Wert des Endmaßes zwischen 24,995 und 25,005 liegt. Damit beträgt die geschätzte Messunsicherheit 0,005 mm. Doch Vorsicht: Die angegebene Stellenzahl wird zuweilen zu positiv angegeben!

Ein handelsübliches Normal ist häufig nicht verfügbar. In solchen Fällen können sogenannte Einstellmeister als Referenzteile verwendet werden. Ein kalibriertes Werkstück kann somit zur Messgerätefähigkeitsuntersuchung des Messsystems verwendet werden. Wichtig ist, dass die Kalibrierung des einzelnen Merkmals und des richtigen Wertes x_m (von engl. x-master wegen des Einstellmeisters) in ausreichender Genauigkeit erfolgt ist. Die Messunsicherheit muss auch hier kleiner oder gleich 5 % der Merkmalstoleranz sein.

Im folgenden Text wird der richtige Wert nicht mit x_r, sondern nach dem Leitfaden zum „Fähigkeitsnachweis von Messsystemen" mit x_m bezeichnet.

Probleme entstehen bei nicht kalibrierten Referenzteilen und Merkmalen. Unbekannte Form- und Lageabweichungen an unterschiedlichen Messstellen oder variierende Messstrategien können dazu führen, dass bei der Prüfung des Einstellstücks im Messraum die Messwerte erheblich von dem Wert auf der Fertigungsmesseinrichtung abweichen. Wird dennoch eine Untersuchung nach Verfahren 1 durchgeführt, kann keine systematische Messabweichung und mithin kein C_{gk}-Wert bestimmt werden!

■ 6.3 Verfahren 1 (Messsystem)

Die systematische Messabweichung und die Streuung des Messgeräts ohne Bedienereinfluss werden anhand eines Prüfnormals beurteilt. Dabei werden mit dem Messgerät 50 Messungen am Normal durchgeführt. Die Streuung dieser 50 Messungen wird mit der Merkmalstoleranz verglichen. Der Kennwert C_{gk} wird ermittelt. Ein $C_{gk} > 1,33$ bedeutet, dass die ermittelte systematische Abweichung vom Normal plus 4s der Messreihe 10 Prozent der Toleranz nicht überschreitet.

Zunächst wird das Messsystem nach den Vorschriften des Herstellers eingerichtet und gebrauchsfertig gemacht. Zum Messsystem gehören im

Sinne der Prüfvorschrift Halte- und Spannvorrichtungen, Messwertaufnehmer, Übertragungsgeräte, Verstärker und Datenverarbeitungseinrichtungen bis hin zur Anzeige. Während der Durchführung der Messung sind Veränderungen an der Messeinrichtung nicht zulässig.

Dann wird das geeignete Normal im Standardfall 50-fach gemessen. Ein Messvorgang kann im Einzelfall sehr lange dauern, sodass die Messzeit bei 50 Wiederholungen mehrere Stunden dauern kann. Diese Zeiten sind oftmals wirtschaftlich nicht zu vertreten. Daher ist die Anzahl der Wiederholungsmessungen in Abhängigkeit von der Messaufgabe festzulegen und zwischen Kunde und Lieferant zu vereinbaren. Dabei gelten 20 Messungen als absolutes Minimum.

Ein Messzyklus umfasst dabei nicht nur das Herunterfahren eines Tasters, sondern das Einlegen des Normals, die eigentliche Messwerterfassung und die anschließende Entnahme des Normals. Vor jeder Messung ist das Normal aufs Neue mit gleicher Messposition in die Messvorrichtung einzulegen. Die Messungen werden unter Wiederholbedingungen vom selben Bediener mit demselben Gerät am selben Ort durchgeführt. Die Messwerte sind in das Auswerteblatt für Verfahren 1 einzutragen bzw. anderweitig zu protokollieren.

Aus den n Messwerten x_1 bis x_n der Messwertreihe bestimmt man den Mittelwert $\bar{x}_g$ und die Wiederhol-Standardabweichung s_g nach den allgemein bekannten Formeln.

$$\bar{x}_g = \frac{1}{n} \cdot \sum_{i=1}^{n} x_i \qquad s_g = \sqrt{\frac{1}{n-1} \cdot \sum_{i=1}^{n} \left(x_i - \bar{x}_g\right)^2}$$

Hinweis: Bei relativ grober Auflösung des Messgeräts können n gleiche Messwerte entstehen, was zu einer Standardabweichung $s_g = 0$ führt. Dies bedeutet jedoch nicht, dass die Streuung gleich null ist. Im Leitfaden zum „Fähigkeitsnachweis von Messsystemen" heißt es deshalb: „Der Fall $s_g = 0$ ist zu begründen". Einerseits könnte die Messeinrichtung defekt sein (beispielsweise ein Taster klemmt), andererseits kann es bedeuten, dass die Wiederholstreubreite in der Auflösung RE untergeht. Dann kann die Standardabweichung konservativ geschätzt werden:

$$s_g = \frac{RE}{4}$$

Aus dem Mittelwert und der Standardabweichung der Messreihe berechnet man mit Bezug auf die Merkmalstoleranz T die Qualitätsfähigkeitskenngrößen C_g und C_{gk}. Die Berechnung von C_g und C_{gk} erfolgt in Anlehnung an den Leitfaden zum „Fähigkeitsnachweis von Messsystemen", jedoch wird hier ein Vertrauensbereich von 99,73 Prozent gewählt, während die Berechnung nach dem Leitfaden nur 95,45 Prozent des Zufallsstreubereichs abdeckt. Als erster Fähigkeitskennwert wird der C_g-Wert als Verhältnis von 20 Prozent der Merkmalstoleranz zur sechsfachen Wiederholstandardabweichung $6 \cdot s_g$ berechnet:

$$C_g = \frac{0,2 \cdot T}{6 \cdot s_g}$$

Als Grenzwerte für die Beurteilung der prinzipiellen Eignung gilt $C_g \geq 1{,}33$. Sofern diese Bedingung erfüllt ist, ist die Präzision des Messsystems ausreichend.

Bei Unterschreitung des Werts 1,33 gilt die sechsfache Wiederholstandardabweichung(Bild 6.1) des Messsystems als zu groß für die Messaufgabe. Dann ist keine Einfachmessung zur Erlangung eines Messergebnisses möglich. Sofern ein anderes, geeignetes Messsystem zur Verfügung steht, sollte auf dieses ausgewichen werden. Ist ein Ausweichen nicht möglich, kommen nur noch Mehrfachmessungen infrage. Ein Messergebnis x_E wird dann durch Berechnung des Mittelwerts $\bar{x} = x_E$ aus n Messungen gewonnen. Die Wiederhol-Standardabweichung $s_{g\bar{x}}$ der n-fach-Messung folgt dann dem Wurzel-n-Gesetz:

$$s_{g\bar{x}} = \frac{\sigma_g}{\sqrt{n}}$$

Ein Messgerät mit zu geringer Präzision ist für den industriellen Messprozess ungeeignet; es sei denn, die n-fach-Messung wird automatisiert durchgeführt.

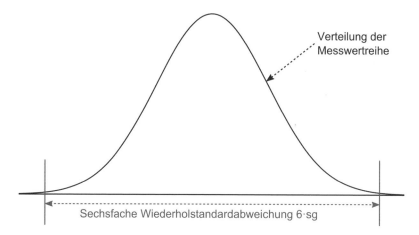

Bild 6.1 Sechsfache Wiederhol-Standardabweichung

Die bekannte systematische Messabweichung Bi (von engl. Bias = Versatz oder Verzerrung) ergibt sich aus dem Abstand zwischen dem Mittelwert und dem richtigen Wert x_m des Normals (Bild 6.2):

$Bi = \bar{x}_g - x_m$

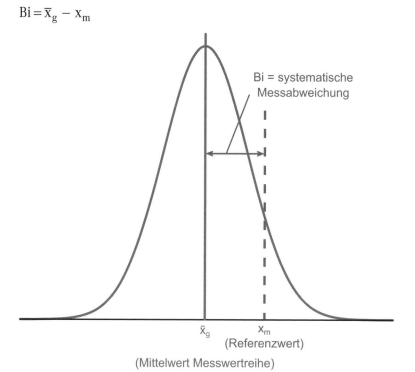

Bild 6.2 Systematische Messabweichung

Als zweiter und entscheidender Fähigkeitskennwert wird der C_{gk}-Wert berechnet.

$$C_{gk} = \frac{0,1 \cdot T - |Bi|}{3 \cdot s_g}$$

Als Grenzwert für die Beurteilung der Eignung gilt $C_{gk} \geq 1,33$. Dann misst das Messgerät hinreichend genau – das heißt richtig und präzise – für die Messaufgabe. Das Messsystem kann mit entsprechender Dokumentation freigegeben werden. Ist die Eignung nicht gegeben, sind Verbesserungen am Messgerät erforderlich oder man wählt ein anderes Messgerät für die Messaufgabe. In beiden Fällen ist jedoch eine erneute Untersuchung nach dem Verfahren 1 notwendig.

Ist ein Ausweichen unmöglich, der C_g-Wert aber groß genug, kommt nur noch das Arbeiten mit Korrektion infrage. Als Korrektion gilt die Negation der systematischen Messabweichung. Ein berichtigtes Messergebnis x_B entsteht dann aus dem nicht korrigierten Messwert x:

$X_B = X - Bi$

Ein Messgerät mit zu geringer Richtigkeit ist für den industriellen Messprozess ungeeignet; es sei denn, die Korrektion wird automatisiert berechnet.

Bild 6.3 zeigt den Ablauf des Verfahrens 1 im Überblick.

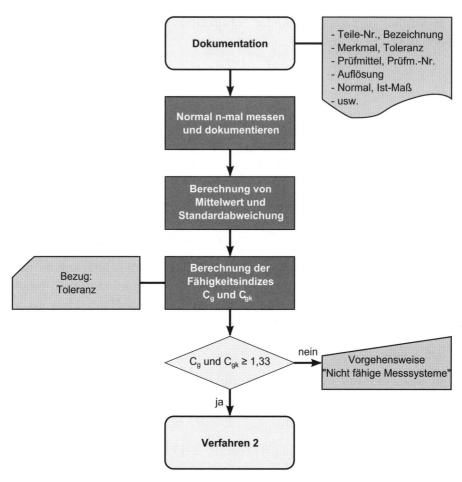

Bild 6.3 Ablauf von Verfahren 1

Eine Besonderheit bei der Berechnung des C_g- und C_{gk}-Werts bedarf der Erläuterung. In den üblichen Definitionen wird zur Berechnung der Fähigkeitsindizes C_g bzw. C_{gk} in der Regel die Wiederholstreubreite des Messsystems mit $6 \cdot s_g$ herangezogen. In dem Leitfaden zum „Fähigkeitsnachweis von Messsystemen" wurde als Wiederholstreubreite des Messsystems $4 \cdot s_g$ zur Berechnung verwendet. Der Leitfaden liefert dazu zwei Begründungen:

„*1. Insbesondere wenn die Auflösung des Messsystems nicht wesentlich unter 5 % der Toleranz liegt, klassiert das Messverfahren quasi die Messwerte. In diesem Fall ist als Verteilungsmodell der Messwerte die Normalverteilung nicht zutreffend.*

2. Umfangreiche praktische Versuche haben bestätigt, dass bei Messprozessen, sowohl in der industriellen Fertigungsüberwachung als auch bei Kalibrierungen in Laboratorien, die Messwertstreuung bei Wiederholmessungen mit einem Streubereich von ± 2 · s_g vollständig abgedeckt ist. Das gilt bei Annahme einer Normalverteilung. Treten Werte außerhalb dieses Bereichs auf, sind diese auf eine defekte Messeinrichtung oder auf unzulässig in die Messung mit einbezogene Trends zurückzuführen."

Ob diese Begründung stichhaltig ist, muss hier nicht diskutiert werden. Faktisch bedeutet diese Vorgabe, dass bei gleichbleibender Forderung bezüglich der Fähigkeitskennwerte C_g bzw. C_{gk} mit mindestens 1,33 die Wiederholstandardabweichung einen größeren Anteil der Toleranz verbrauchen darf und zwar bei

$$C_g = \frac{0,2 \cdot T}{4 \cdot s_g} \geq 1,33 = \frac{4}{3} \Rightarrow s_g \leq \frac{0,2 \cdot 3 \cdot T}{4 \cdot 4} = \underline{0,0375 \cdot T}$$

statt bei

$$C_g = \frac{0,2 \cdot T}{6 \cdot s_g} \geq 1,33 = \frac{4}{3} \Rightarrow s_g \leq \frac{0,2 \cdot 3 \cdot T}{6 \cdot 4} = \underline{0,0250 \cdot T}$$

Sonderfall: einseitig tolerierte Merkmale

Die Berechnung der Fähigkeitskennwerte beruht auf der Annahme der Normalverteilung für den messsystembedingten Anteil der Messwerte. Dies gilt auch für Merkmalswerte, die nicht normalverteilt sind (siehe Bild 6.4). Um andere Verteilungsformen nahezu auszuschließen, muss das Normal auch bei asymmetrischen Toleranzen möglichst in der Mitte des Toleranzbereichs liegen.

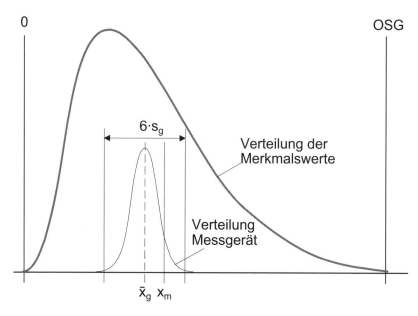

Bild 6.4 Messgerätestreuung für nicht normalverteilte Merkmalswerte

Bei natürlich nullbegrenzten Merkmalen wie Unwucht oder Rundlauf mit einem einseitig oberen Grenzwert OGW ist nur die Bewertung von C_{gk} erforderlich, auf C_g kann verzichtet werden (vgl. Bild 6.4):

$$C_{gk} = \frac{0,1 \cdot OGW - |Bi|}{3 \cdot s_g}$$

Ist nur ein Grenzwert, also nur UGW oder nur OGW festgelegt, dann ist die Ermittlung von C_g bzw. C_{gk} mit einem einfachen Trick dennoch möglich. Der fehlende Grenzwert wird durch die erwartete Streugrenze der Prüflinge aus dem zu beurteilenden Prozess ersetzt. Der fehlende Wert UGW wird durch die untere Streugrenze USG, der fehlende Wert OGW durch die obere Streugrenze OSG substituiert. Die Toleranz (T) wird dann folgendermaßen berechnet:

T = OGW − USG bzw. T = OSG − UGW

6.4 Verfahren 2 (für Messprozesse mit Bedienereinfluss)

Je nach Forderung werden mehrere Prüfer und mehrere Teile für das Experiment verwendet (z. B. 2 Prüfer, 10 Teile, 2 Messreihen je Prüfer oder 3 Prüfer, 10 Teile und 3 Messreihen). Die Prüfer messen die Teile, deren Einflüsse durch Teilegeometrie (z. B. Formabweichung) sind auszuschließen.

Für die Untersuchung nach dem Verfahren 2 sind verschiedene Methoden entwickelt worden. Das hier vorgestellte Verfahren ist die Varianzanalyse, auch bekannt unter der Bezeichnung ANOVA (ANOVA = Analysis Of Variance). Diese Methode ist vorzugsweise anzuwenden, weil sie neben den Einflüssen von Bediener, Teil und Messmittel (bei Mehrfachmessungen) auch die Wechselwirkung zwischen Prüfer und Teil mit in die Analyse einbezieht. Dadurch wird zum Beispiel berücksichtigt, wenn ein Prüfer bestimmte Teile anders als andere misst.

Die Mittelwert-Spannweiten-Methode, ein Verfahren, das auch als ARM (ARM = Average and Range Method) bekannt ist, wurde wegen seiner einfachen Handhabung in dem Leitfaden zum „Fähigkeitsnachweis von Messsystemen" favorisiert. Die Anforderungen der ARM-Methode an das Design der zu analysierenden Daten entsprechen denjenigen der Varianzanalyse (MSA4:101). Allerdings sind die Analyseergebnisse nach ARM im Vergleich zur Varianzanalyse weniger stabil. Denn die Ergebnisse nach ARM reagieren sehr empfindlich auf Ausreißer, weil bei dieser Methode Extremwerte (Spannweite) analysiert werden.

Bei der Varianzanalyse wird die Gesamtstreuung in ihre Komponenten zerlegt, wie in Bild 6.5 dargestellt ist.

6 Messsystemanalyse (MSA)

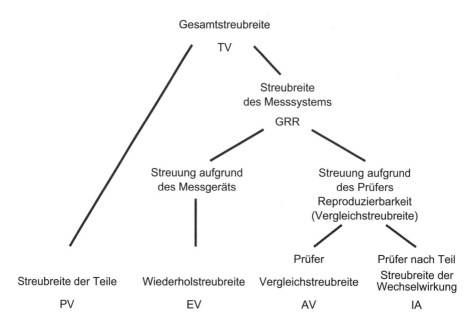

Bild 6.5 Komponenten der Gesamtstreuung

Die Kenngrößen EV, AV, IA und PV werden aus der sechsfachen geschätzten Standardabweichung der jeweiligen Komponente der Gesamtvarianz ermittelt. Weil die Standardabweichung in der gleichen Einheit wie die Messwerte ausgegeben wird, ist sie einfacher zu interpretieren als die Varianz (MSA4:196). Es wird der 99,73 %-Zufallsstreubereich berechnet als $\bar{x}_{ob/un} = \bar{x} \pm 3 \cdot s$. Die Breite dieses Bereichs ist demnach $\pm 3 \cdot s = 2 \cdot 3 \cdot s = 6 \cdot s$. Somit lässt sich die Streubreite der jeweiligen Kenngröße als erwartete Breite des 99,73 %-Zufallsstreubereichs der Normalverteilung erklären. Mit Bild 6.6 wird eine grafische Veranschaulichung am Beispiel der Wiederholstreubreite EV gezeigt.

Zuvor werden für analytische Zwecke diejenigen Komponenten der Gesamtvarianz, die einen negativen Wert annehmen, auf 0 gesetzt. Denn im weiteren Verlauf der Analyse wird zur Schätzung der Standardabweichung die Quadratwurzel aus der jeweiligen Varianz gezogen, die deshalb größer oder gleich null sein muss. Ein solcher Fall tritt zum einen ein, sobald die Streubreite der Wechselwirkung größer ist als die Vergleichstreubreite oder die Teilestreuung. Zum anderen wird die Streubreite der Wechselwirkung auf 0 gesetzt, wenn die Wiederholstreubreite (Varianz des Messmittels) größer als die Teilestreuung ist (vgl. Kapitel 6.4).

6.4 Verfahren 2 (für Messprozesse mit Bedienereinfluss)

Schließlich werden aus den jeweils zugehörigen partiellen Streubreiten die Streubreite des Messsystems (GRR) und die Gesamtstreubreite (TV) berechnet.

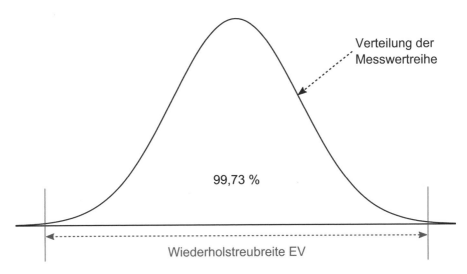

Bild 6.6 Wiederholstreubreite EV als 99,73%-Zufallsstreubreite

6.4.1 Schritt 1: Auswahl der Prüfobjekte und der Prüfer

Zunächst sind mehrere Prüfobjekte und die Prüfer auszuwählen. Die Prüfobjekte müssen möglichst über die Toleranz verteilt sein bzw. die Streubreite des zu überwachenden Prüfprozesses überdecken. Der Stichprobenumfang n muss dem „Measurement Systems Analysis. Reference Manual. Fourth Edition. June 2010" (MSA4) zufolge mindestens zehn Prüfobjekte (MSA4:104) umfassen. Die Zahl der Prüfer k muss mindestens zwei betragen; üblich sind praktisch nur k = 2 und k = 3 (z. B. bei Drei-Schicht-Betrieb). Weiterhin ist festzulegen, wie häufig jedes Teil von jedem Prüfer gemessen werden muss. Die Zahl der Durchführungen r muss mindestens zwei betragen (engl. test und retest); üblich sind praktisch nur r = 2 und r = 3. Es gilt die Regel, dass das Produkt aus Anzahl der Teile n mal Anzahl der Prüfer k mal Anzahl der Wiederholmessungen r mindestens 30 betragen sollte.

6.4.2 Schritt 2: Vorbereitende Dokumentation

Die Teile werden durchnummeriert. Um den Einfluss der Teilegeometrie auszuschließen, ist die Messposition zu kennzeichnen. Die Einflussgrößen wie Temperatur, Bediener usw. werden dokumentiert.

6.4.3 Schritt 3: Durchführung der Messungen des ersten Prüfers

Der erste Prüfer stellt das Messgerät ein und ermittelt nach der gültigen Vorschrift und unter Beachtung der Messposition die Messwerte der Teile in der Reihenfolge, die durch die Nummerierung festgelegt wurde. Die Messwerte sind zu dokumentieren. Nach der gleichen Verfahrensweise ermittelt der erste Gerätebediener die Merkmalswerte der Teile ein zweites (und ggf. drittes) Mal. Es ist sicherzustellen, dass die Messergebnisse der zweiten/dritten Messung nicht von den Ergebnissen der Vorgängermessung(en) beeinflusst werden. Während der Untersuchung sind Nachstellungen an der Messeinrichtung nicht zulässig.

Um die „Schere im Kopf" des Prüfers auszuschließen, ist es prinzipiell sinnvoll, die Teilereihenfolge bei den Wiederholungsmessungen zu verzufälligen – fachsprachlich: zu „randomisieren". Dazu ist neben dem Prüfer ein Protokollant erforderlich, der die Teile zur Prüfung auslost, dem Prüfer die Teile darreicht und die Ergebnisse protokolliert. Nur der Protokollant weiß bei diesem Verfahren, welches Teil der Prüfer gerade misst und die wievielte Messung am jeweiligen Teil stattfindet. Für die Auswertung muss aber für alle Prüfer die Ordnung und Reihenfolge der Messergebnisse für jedes Teil gewährleistet sein. Diese Vorgehensweise ist wesentlich aufwendiger und wird in der Praxis – trotz grundsätzlicher Sinnhaftigkeit – nur selten angewandt.

6.4.4 Schritt 4: Durchführung der Messungen weiterer Prüfer

Schritt 3 wird mit jedem weiteren Prüfer wiederholt. Wichtig: Der aktuelle Prüfer darf über die jeweiligen Ergebnisse der anderen Prüfer nicht informiert sein!

6.4.5 Schritt 5: Überprüfung der Teileauswahl

Es wird geprüft, ob die Teileauswahl der Prüfobjekte der Vorgabe entsprochen hat, dass diese möglichst über die Toleranz verteilt sein müssen bzw. die Streubreite des zu überwachenden Prozesses überdecken. Als einfache Prüfung kann die Spannweite der Messwerte herangezogen werden. Aussagekräftiger ist es, die Messwerte in einem Korrelationsdiagramm aufzutragen (siehe beispielhaft Bild 6.7), in dem die Messwerte der ersten Messung des ersten Prüfers die x-Koordinate bilden und die Messwerte der Folgemessungen den x-Werten zugeordnet als y-Koordinaten aufgetragen werden. Die Teileauswahl ist im Beispielfall geeignet.

Wie Bild 6.7 außerdem zeigt, ist die Beurteilung der Werte in einem Korrelationsdiagramm eine einfache Alternative oder Ergänzung zur rechnerischen Auswertung. Zwei Parallelen zur Hauptdiagonalen verlaufen durch die Randpunkte in y-Richtung, das heißt durch die Punkte, die in y-Richtung am weitesten von der Diagonalen entfernt sind. Ein einfacher Spannweitenvergleich macht nun die Fähigkeitsbeurteilung möglich. Die Spannweite in x-Richtung repräsentiert die Streubreite der Merkmalswerte; die Spannweite in y-Richtung die Streubreite der Messwerte. Wenn die Streubreite der Messwerte zehnmal in die Streubreite der Merkmalswerte passt, ist das Messmittel auch bei einfacher visueller Bewertung der Grafik als qualitätsfähig anzusehen. Dies ist im Beispiel jedoch nicht der Fall.

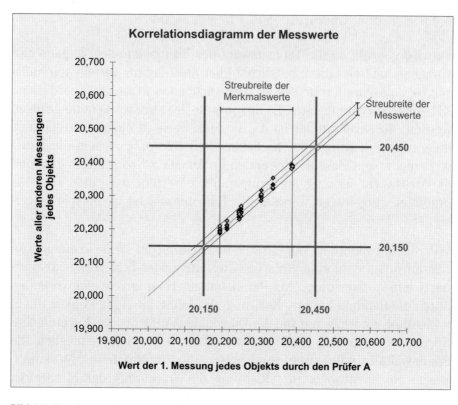

Bild 6.7 Korrelationsdiagramm der Messwerte zum Beispiel Antriebswelle

6.4.6 Schritt 6: Berechnung von Mittelwerten

Nun werden die folgenden Mittelwerte berechnet:

- für jedes Teil die Mittelwerte der wiederholten Messungen jedes Prüfers $\bar{x}_{AO}$, $\bar{x}_{BO}$ und $\bar{x}_{CO}$,
- für jedes Teil den Mittelwert $\bar{x}_O$ aller Messwerte,
- aus den Messwerten jedes Prüfers die jeweiligen Mittelwerte $\bar{x}_A$, $\bar{x}_B$ und $\bar{x}_C$ sowie
- der Gesamtmittelwert $\bar{x}$.

6.4.7 Schritt 7: Berechnung der Varianzen von Teilsummen

Für eine getrennte Beurteilung der Einflüsse ist es erforderlich, zunächst die Summe der quadratischen Abweichungen über alle Messwerte in Teilsummen zu zerlegen. Zuerst werden nacheinander die quadratischen Abweichungen der Prüfer-Mittelwerte, der Teile-Mittelwerte, der Mittelwerte der Wechselwirkung von dem Gesamtmittelwert summiert.

Danach werden die Varianzen berechnet, indem die Teilsummen der quadratischen Abweichungen mit ihrem jeweiligen Freiheitsgrad dividiert werden. Die Berechnungsformeln und -schritte sind in Tabelle 6.2 zusammengefasst.

Tabelle 6.2 Berechnung der Varianzen

Mittelwerte	Summe der quadratischen Abweichungen	Anzahl der Freiheitsgrade	Varianz
Prüfer	$\sum P = n \cdot r \cdot \sum_{i=1}^{k} (\bar{x}_k - \bar{x})^2$	$f_4 = k - 1$	$\frac{\sum P}{f_4}$
Teile	$\sum O = k \cdot r \cdot \sum_{j=1}^{n} (\bar{x}_n - \bar{x})^2$	$f_3 = n - 1$	$\frac{\sum O}{f_3}$
Wechselwirkung zwischen Prüfer und Teil	$\sum PO = r \cdot \sum_{i=1}^{k} \sum_{j=1}^{n} (\bar{x}_{kn} - \bar{x}_k - \bar{x}_n + \bar{x})^2$	$f_2 = (k-1) \cdot (n-1)$	$\frac{\sum PO}{f_2}$
Messmittel	$\sum E = \sum_{i=1}^{k} \sum_{j=1}^{n} \sum_{w=1}^{r} (\bar{x}_{knr} - \bar{x}_{kn})^2$	$f_1 = k \cdot n \cdot (r-1)$	$\frac{\sum E}{f_1}$

6.4.8 Schritt 8: F-Test

Bevor die Einflüsse der verschiedenen Varianzkomponenten geschätzt werden, muss ein F-Test durchgeführt werden, um zu prüfen, ob der Einfluss der Wechselwirkung signifikant ist oder nicht. Dazu wird als Prüfgröße der Quotient aus der Varianz der Wechselwirkung und der Varianz des Messmittels berechnet und mit dem kritischen F-Wert verglichen, der mit einem Vertrauensbereich von 95 Prozent ermittelt wird und von den Freiheitsgraden der Varianzen der Wechselwirkung und des Messmittels abhängig ist. Die Wechselwirkung ist nur dann signifikant, wenn der Prüfwert größer als der kritische F-Wert ist.

6.4.9 Schritt 9: Schätzung der Kennwerte EV, AV, PV, IA und TV

Es folgen die Berechnungen der Wiederholstreubreite EV, der Vergleichstreubreite AV, der Teilestreuung PV sowie der Streubreite der Wechselwirkung IA. Die Berechnungsformeln und -schritte sind in Tabelle 6.3 zusammengefasst. Die jeweiligen Streubreiten sind nach Maßgabe des „Measurement Systems Analysis. Reference Manual. Fourth Edition. June 2010" mit einem 99,73 %-Zufallsstreubereich (entspricht dem Faktor 6 in der letzten Spalte der Tabelle) berechnet.

Tabelle 6.3 Berechnung der Wiederholstreubreite, der Vergleichstreubreite, der Teilestreuung sowie der Streubreite der Wechselwirkungen

Einflusskomponenten	Varianz Wechselwirkung signifikant?		Standardabweichung	Kennwert
	Ja	nein		
Wiederholstreubreite (Messmittel)	$\hat{s}_E^2 = s_E^2$	$\hat{s}_E^2 = \frac{\sum PO + \sum E}{f_1 + f_2}$	$\hat{s}_E = \sqrt{\hat{s}_E^2}$	$EV = 6 \cdot \hat{s}_E$
Vergleichstreubreite (Prüfer)	$\hat{s}_P^2 = \frac{s_P^2 - s_{PO}^2}{n \cdot r}$	$\hat{s}_P^2 = \frac{s_P^2 - \hat{s}_E^2}{n \cdot r}$	$\hat{s}_P = \sqrt{\hat{s}_P^2}$	$AV = 6 \cdot \hat{s}_P$
Teilestreuung	$\hat{s}_O^2 = \frac{s_O^2 - s_{PO}^2}{k \cdot r}$	$\hat{s}_O^2 = \frac{s_O^2 - \hat{s}_E^2}{k \cdot r}$	$\hat{s}_O = \sqrt{\hat{s}_O^2}$	$PV = 6 \cdot \hat{s}_O$
Streubreite der Wechselwirkung	$\hat{s}_{PO}^2 = \frac{s_O^2 - s_E^2}{r}$	–	$\hat{s}_{PO} = \sqrt{\hat{s}_{PO}^2}$	$IA = 6 \cdot \hat{s}_{PO}$

Die Wiederholstreubreite EV (von engl. Equipment Variation = Gerätestreuung) des Messsystems steht für das erste R der GRR-Studie. Aus der Varianzkomponente „Einfluss des Messmittels" $\hat{s}^2_E$ lässt sich die Wiederhol- Standardabweichung s_E unter Serienbedingungen schätzen.

6.4 Verfahren 2 (für Messprozesse mit Bedienereinfluss)

Wie die Berechnung der Varianzkomponente „Einfluss des Messmittels" $\hat{s}^2_E$ zeigt, wird davon ausgegangen, dass sich die Präzision bei den Prüfern nicht voneinander unterscheidet und zu einem gemeinsamen Schätzwert, der Wiederhol-Standardabweichung, zusammenfassen lässt. Nach dieser Definition geht die Wiederholstreuung einzig auf den Einfluss des Messgeräts zurück; daher auch der Begriff der „Gerätestreuung" EV.

Es ist von besonderem Interesse, diese Wiederholstandardabweichung an Serienteilen zu vergleichen mit der Wiederhol-Standardabweichung am Normal, die mit dem Verfahren 1 ermittelt wurde. Ist die Streubreite an Serienteilen erheblich größer als am Normal, so wird die Präzision durch den Einfluss der Serienteile beeinträchtigt.

Die Vergleichstreubreite AV (von engl. Appraiser Variation = Bedienerstreuung) des Messsystems entspricht dem ersten Teil des zweiten R der GRR-Studie. Sie ist ein Maß dafür, wie stark der Prüfereinfluss auf das Messergebnis ist; daher auch der Begriff der „Bedienerstreuung" AV. Ein Vergleich der Kennwerte AV und EV zeigt, ob die Präzision maßgeblich vom Gerät geprägt oder vom Bedienereinfluss geprägt ist

Zur Berechnung der Gesamtstreuung werden die bereits ermittelte Prüfsystemstreuung und außerdem die Teilestreuung benötigt. Die Teilestreuung PV (von engl. Part Variation = Teilestreuung) bezeichnet die Streuung zwischen den verschiedenen Teilen und wird ermittelt, indem aus der Varianzkomponente „Teileeinfluss" $\hat{s}^2_O$ die Standardabweichung des Teileeinflusses s_O geschätzt wird.

Die Streubreite der Wechselwirkung IA (von engl. InterAction = Wechselwirkung) des Messsystems entspricht dem zweiten Teil des zweiten R der GRR-Studie. Sie ist ein Maß für die Stärke des Einflusses der Wechselwirkung zwischen Prüfer und Teil auf das Messergebnis.

Die Gesamtstreuung TV ist gleich der Wurzel aus der Summe der Quadrate von Prüfsystemstreuung und Teilestreuung:

$$TV = \sqrt{GRR^2 + PV^2}$$

6.4.10 Schritt 10: Berechnung der Streuung des Messsystems (Kennwert GRR)

Die Wiederhol- und die Vergleichstreubreite des Messsystems sowie – bei signifikanter Wechselwirkung – die Streuung der Wechselwirkung werden nun nach dem Streuungsfortpflanzungsgesetz zu dem Kennwert GRR (Gage Repeatability and Reproducibility) als Maß für die Streuung des Messsystems zusammengefasst:

$$GRR = \sqrt{EV^2 + AV^2 + IA^2}$$

6.4.11 Schritt 11: Beurteilung der Fähigkeit

Als Kenngröße zur Beurteilung der Präzision wird GRR üblicherweise als prozentualer Anteil der Toleranz angegeben.

$$\%GRR = \frac{GRR}{T} \cdot 100\%$$

Als Bezugsgrößen sind anstelle der Toleranz T auch die Prozessstreubreite oder die Gesamtstreuung möglich und üblich.

Nach Maßgabe des Leitfadens zum „Fähigkeitsnachweis von Messsystemen" sowie des „Measurement Systems Analysis. Reference Manual. Fourth Edition. June 2010" (S. 78) gilt ein neues Messsystem als fähig, wenn gilt:

$\%GRR < 10\%$

Ein Messsystem kann für einige Anwendungen angenommen werden, wenn gilt:

$10\% \leq \%GRR \leq 30\%$

Bei einer Annahmeentscheidung sollten beispielsweise die Bedeutung der angewandten Messung, die Kosten für Messgerät, Nacharbeit oder Reparatur Berücksichtigung finden. Der Kunde sollte der Annahmeentscheidung zustimmen:

$\%GRR > 30\%$

6.4 Verfahren 2 (für Messprozesse mit Bedienereinfluss)

Sind die Bedingungen nicht erfüllt, dann ist das Messsystem als „nicht fähig" zu beurteilen, und es sind Verbesserungen erforderlich, um die Streuung zu reduzieren. Der Einfluss der Prüfer und/oder der systembedingten Messstreuung ist zu reduzieren, bis die Forderung erfüllt ist. Andernfalls ist die Anwendung einer geeigneten Messstrategie oder ein gänzlich anderes Messverfahren notwendig. Die Messsystemstreuung kann beispielsweise reduziert werden, indem aus mehreren Messreihen zu demselben Teilemerkmal ein Durchschnittswert ermittelt wird.

Bild 6.8 zeigt den Ablauf einer GRR-Studie im Überblick.

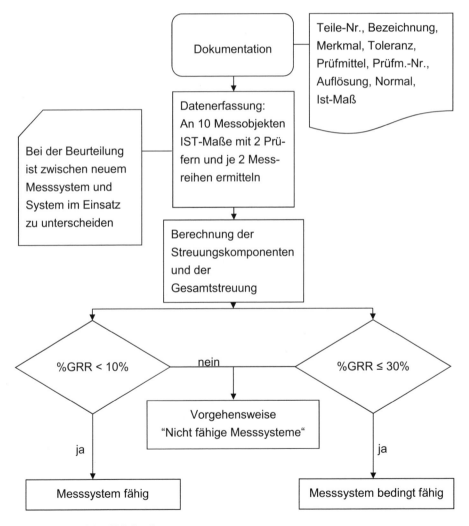

Bild 6.8 Ablauf der GRR-Studie

Achtung:

Bei neuen Messsystemen ergibt sich für die Standardabweichung σ_{GRR} des Messsystems aufgrund der Forderung %GRR < 10%, eine entsprechende Forderung:

$$GRR = 6 \cdot \hat{\sigma}_{GRR} \stackrel{!}{<} 0,1 \cdot T \quad \Rightarrow \quad \hat{\sigma}_{GRR} \stackrel{!}{<} \frac{0,1 \cdot T}{6} \approx \underline{\underline{0,0167 \cdot T}}$$

Der Anteil an der Toleranz, den die Standardabweichung des Messsystems im Verfahren 2 verbrauchen darf, ist also deutlich kleiner als die $0,0250 \cdot T$, die der Wiederhol-Standardabweichung beim Verfahren 1 zugestanden werden. Damit wird ein neues Messsystem, das den C_g-Wert von 1,33 im Verfahren 1 nur knapp erfüllt, im Verfahren 2 immer scheitern!

6.4.12 Schritt 12: Berechnung der Anzahl unterscheidbarer Bereiche im Messprozess

Mit dem Measurement Systems Analysis, Reference Manual, 3. Auflage, Michigan, USA, 2002 (MSA3) wurde eine weitere Kennzahl für die Streuung von Messsystemen eingeführt. Die Kennzahl ndc gibt die Anzahl der Bereiche oder Kategorien (ndc, = number of distinct categories) an, die in dem Messprozess unterscheidbar sind. Der ndc-Wert soll nach dem „Measurement Systems Analysis. Reference Manual. Fourth Edition. June 2010" (S. 78) mindestens fünf betragen. Bei dessen Ermittlung wird auf ganze Zahlen abgerundet. Wenn dieser Wert nicht erreicht wird, die Streuung des Messsystems GRR im Verhältnis zur Teilestreuung zu groß ist, dann muss des Messsystem verbessert werden, indem ein Messgerät mit höherer Auflösung gewählt wird. Es sei an dieser Stelle an die Forderung aus Verfahren 1 erinnert, dass die Auflösung des Messgerätes kleiner oder gleich 5 Prozent der Toleranz (= Toleranz/20) des zu messenden Merkmals sein sollte.

Für die Ermittlung des ndc-Wertes werden die bereits berechneten Kennzahlen für die Streuung des Messmittels GRR sowie für die Teilestreuung PV benötigt:

$$ndc = \sqrt{2} \cdot \frac{PV}{GRR}$$

6.4 Verfahren 2 (für Messprozesse mit Bedienereinfluss)

6.4.13 Die relative Bedeutung der Kenngrößen EV, AV, IA und PV

In Schritt 11 wurde bereits gezeigt, wie die Streuung des Messsystems GRR entweder in Bezug auf die Toleranz T oder in Bezug auf die Gesamtstreuung TV beurteilt wird. Auf die gleiche Weise kann die relative Bedeutung der Kenngrößen EV, AV, IA und PV in Bezug auf die ausgewählte Referenzgröße nach der folgenden verallgemeinerten Formel ermittelt werden:

$$\%[\text{Kenngröße}] = \frac{[\text{Kenngröße}]}{[\text{Referenzgröße}]} \cdot 100\%$$

Wird die zu beurteilende Kenngröße auf die Toleranz bezogen, so ist der resultierende Prozentwert abhängig von dem gewählten Vertrauensniveau. Wird als Referenz die Gesamtstreuung gewählt, dann ist der resultierende Prozentwert unabhängig von dem voreingestellten Vertrauensniveau.

6.4.14 Der Beitrag der Streuungskomponenten zur Gesamtvarianz

Die Methode erlaubt es nicht, die Streuungskomponenten verschiedener Studien unmittelbar miteinander zu vergleichen. Um diese Vergleichbarkeit zu ermöglichen, sind die Kennwerte der Streuungskomponenten zu standardisieren, indem diese auf die Gesamtvarianz bezogen werden.

Welchen Anteil die Varianz einer Streuungskomponente an der Gesamtvarianz hat, wird berechnet, indem die Varianz der jeweiligen Komponente durch die Gesamtvarianz geteilt und das Ergebnis mit 100 multipliziert wird. Die prozentualen Anteile aller Varianzkomponenten addieren sich zu 100 Prozent. Unabhängig von der verwendeten Maßeinheit des Messsystems können die relativen Anteile der Streuungskomponenten an der Gesamtvarianz miteinander verglichen werden.

6.5 Verfahren 3 (für Messprozesse ohne Bedienereinfluss)

In diesem Verfahren wird der Einfluss der zu messenden Produkte (Oberfläche, Verschmutzung, Temperatur etc.) empirisch ermittelt. Dabei werden 25 Teile, die möglichst über die Toleranz verteilt sein sollen, zweimal gemessen. Dabei wird die Streuung der Messergebnisse derselben Teile ermittelt. Diese sollte 20 Prozent der Toleranz nicht überschreiten.

Im Erkennen der Tatsache, dass die genannten Verfahren Momentbetrachtungen sind, wurden weitere Messreihen und Auswertungen zum Thema Messbeständigkeit (Stabilität, siehe unten „Verfahren 5") entwickelt, die der Überwachung der Prüfprozesse dienen.

Als Sonderfall des Verfahrens 2 ist das Verfahren 3 für automatische Messeinrichtungen (z. B. mechanisierte Messeinrichtungen, Prüfautomaten, automatisches Handling usw.) bestimmt, bei denen der Bedienereinfluss entfällt bzw. vernachlässigbar klein ist. In diesem Fall wird der vereinfachte Kennwert GRR = EV berechnet. Die Berechnungen sind identisch und folgen den dargestellten Formeln.

Bei dem Verfahren 3 entfällt der Prüfereinfluss. Aus diesem Grund gilt hier die weniger scharfe Anwendungsvoraussetzung: $n \cdot r > 30$.

6.6 Vorgehen bei „nicht fähigen Messsystemen"

Ist ein Messsystem gemäß den Verfahren 1, 2 oder 3 nicht fähig, empfiehlt sich ein Vorgehen in vier Schritten (vgl. Leitfaden 1999; Daimler/Chrysler 2007, S. 50 – 52):

- *Schritt 1: Messsystem verbessern*
  Messsystem verbessern hinsichtlich:
  - Messeinrichtung und Einstellnormal,
  - Messverfahren und Messstrategie,
  - Umgebungsbedingungen,

6.6 Vorgehen bei „nicht fähigen Messsystemen"

- Bediener,
- Prüfling.

- *Schritt 2: genaueres Messsystem beschaffen*
  Mögliche Kriterien für ein genaueres Messsystem sind:

  - Auflösung < 5 %,
  - lineares System einsetzen,
  - absolut messendes System bevorzugen (digital inkremental statt analog induktiv),
  - robuste Messeinrichtung (Lagerungen, Führungen, Messhebel, Übertragungselemente ...),
  - bedienerunabhängige Messeinrichtung,
  - neues (berührungsloses) Messverfahren [...].

- *Schritt 3: Merkmals-, Toleranz-, Prozessbetrachtung*
  Mögliche Maßnahmen sind:

  - Merkmal auf Funktionsabhängigkeit überprüfen,
  - 100 % Sortierprüfen mit reduzierten Toleranzen,
  - Messsystemstreuung von Toleranz abziehen,
  - Auswirkungen auf Prozessregelung und Prozessfähigkeit berücksichtigen,
  - Toleranz anpassen.

- *Schritt 4: Sonderregelung*
  Sonderregelungen bieten eine zusätzliche Absicherung. Denkbar sind:

  - zeitlich befristete Sonderregelung treffen,
  - Regelung z. B. jährlich neu bewerten gemäß Schritt 1 bis 4.

Bild 6.9 zeigt den Ablauf bei nicht fähigen Messsystemen im Überblick.

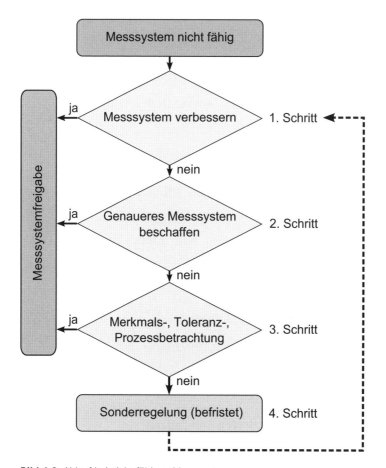

Bild 6.9 Ablauf bei nicht fähigen Messsystemen

■ 6.7 Verfahren 4 (Linearitätsstudie)

Beim Verfahren 1 sind wir bisher davon ausgegangen, dass das Messgerät nur in einem eng umgrenzten Bereich eingesetzt werden soll. Wenn hingegen der Messbereich des Messgerätes bei den anfallenden Messaufgaben ausgenutzt werden soll, ist zusätzlich eine Linearitätsuntersuchung erforderlich. Mit dieser ermittelt man die systematische Messabweichung an mehreren Stellen innerhalb des Messbereichs.

Für die Untersuchung sind mehrere – minimal drei, besser fünf oder sieben – Normale mit bekanntem Referenzwert erforderlich. Die Referenzwerte der Normale sollten so gewählt werden, dass diese in dem zu untersuchenden Messbereich gleichmäßig verteilt liegen. Jedes der Normale wird zehn Mal unter Wiederholbedingungen gemessen. Das Produkt aus der Anzahl der Normale und der Anzahl der Wiederholungen sollte mindestens 30 ergeben. Aus den zehn Messungen je Normal sind die Mittelwerte zu berechnen. Für jede Messwertreihe ist die systematische Messabweichung Bi zu berechnen:

$$Bi_i = \left(\overline{x}_g\right)_i - (x_m)_i$$

Die an jedem Normal ermittelte bekannte systematische Messabweichung Bi_i sollte z. B. dem Betrag nach kleiner gleich 5 % der Toleranz sein. In diesem Fall lautet die allgemeine Forderung für Bi_i:

$$-0,05 \cdot T \stackrel{!}{\leq} Bi_i \stackrel{!}{\leq} + 0,05 \cdot T$$

Die Messwerte und die Mittelwerte pro Normal können im Korrelationsdiagramm oder als Differenz zum jeweiligen Referenzteil im Abweichungsdiagramm dargestellt werden. Vorteil des Korrelationsdiagramms ist, dass die Merkmalswerte direkt über den richtigen Werten der verschiedenen Normale aufgetragen werden und somit neben den systematischen Messabweichungen auch eventuelle Streuungsunterschiede über dem Messbereich als Streubreiten der Einzelwerte visualisiert werden können. In Bild 6.10 sind die Ergebnisse einer Untersuchung mit sechs Normalen und fünf Prüfern in einem Korrelationsdiagramm dargestellt.

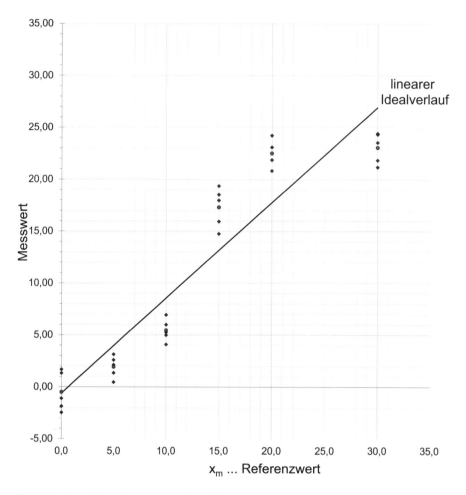

Bild 6.10 Korrelationsdiagramm zur Linearität

Demgegenüber verzichtet das Abweichungsdiagramm auf die Darstellung der Streubreite der Einzelwerte. Dafür kann durch die Darstellung der Mittelwerte und die Eintragung der Fünf-Prozent-Grenzen schneller erfasst werden. Zudem ist besser zu sehen, ob die systematischen Messabweichungen über den gesamten Messbereich kleiner sind als der zulässige Höchstbetrag.

Bild 6.11 stellt den einfachen Fall einer gleich breit einzuhaltenden Toleranz dar. Wenn über den Messbereich des Messsystems unterschiedlich große Toleranzen einzuhalten sind, kann dies ebenfalls in Form unterschiedlich breiter Fünf-Prozent-Grenzen abgebildet werden.

6.8 Verfahren 5 (fortlaufende Überwachung der Messbeständigkeit)

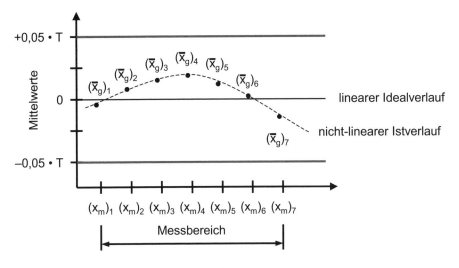

Bild 6.11 Abweichungsdiagramm zur Linearität

Aus den Referenzwerten X_{mi} und den Messwerten X_g werden die Gleichungen der Regressionsgeraden der mittleren Messabweichungen und der Regressionsgeraden der Messwerte ermittelt, indem die unbekannten Parameter „y-Achsenabschnitt" und „Steigung" nach der Methode der kleinsten quadrierten Abweichung geschätzt werden.

Die Güte der Anpassung wird visuell getestet, indem grafisch mithilfe eines Abweichungsdiagramms überprüft wird, ob die Abweichungen der Messwerte von der Regressionsgeraden in y-Richtung (Residuen) normalverteilt sind.

■ 6.8 Verfahren 5 (fortlaufende Überwachung der Messbeständigkeit)

Weil ein Messprozess sich allmählich verändern kann, ist seine Beständigkeit zu überwachen. Dazu wird das Messsystem regelmäßig mit einem Normal bzw. Referenzteil überprüft. Die Ergebnisse werden festgehalten und ausgewertet. Werden Abweichungen von den Sollvorgaben festgestellt, müssen Verbesserungsmaßnahmen eingeleitet werden.

Zu Beginn der Messbeständigkeitsüberwachung wird eine Vorlaufuntersuchung durchgeführt. Für die Untersuchung kann das im Verfahren 1 verwendete Normal mit dem richtigen Wert x_m eingesetzt werden. Dazu wird eine Qualitätsregelkarte mit folgenden Eingriffsgrenzen angelegt:

$$OEG = x_m + 0,1 \cdot T \qquad UEG = x_m - 0,1 \cdot T$$

Nach Möglichkeit werden an einem Tag 25 Messungen in gleichen Zeitabständen eingeplant. Die ermittelten 25 Messwerte werden in die Qualitätsregelkarte eingetragen. Anhand des Werteverlaufs in der Qualitätsregelkarte können folgende Fälle unterschieden werden (Bild 6.12):

- *Fall 1*: Liegen die Werte innerhalb der Eingriffsgrenzen, genügt für Verfahren 5 eine Überwachungshäufigkeit von einmal pro Schicht zu Arbeitsbeginn.

- *Fall 2*: Bei trendbedingten Über- und Unterschreitungen muss das Überwachungsintervall für Verfahren 5 so verkürzt werden, dass eine Überschreitung der Eingriffsgrenzen verhindert wird.

- *Fall 3*: Bei fortwährenden Über- oder Unterschreitungen – trotz Optimierung des Überwachungsintervalls – muss die Messeinrichtung verbessert werden.

- *Fall 4*: Kleinste Toleranzen können eine Prüfung des Messprozesses grundsätzlich vor jeder Messung erfordern. Die Messbeständigkeitsprüfung entfällt dann.

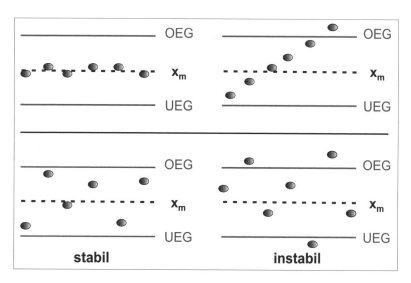

Bild 6.12 Beurteilung der Messbeständigkeit (Grafik: Dietrich/Schulze 2014, S. 105)

Aus dem Vorlauf der Messwerte, die in zeitlicher Reihenfolge ermittelt werden, ergeben sich somit die Aussagen über das notwendige Kalibrier- und Justierintervall.

Nach den festgelegten Prüfintervallen werden weiterhin Messungen zur Messbeständigkeit am gewählten Normal durchgeführt und in der Qualitätsregelkarte erfasst. Diese Qualitätsregelkarte unterliegt wie die Fähigkeitsuntersuchungen den üblichen Dokumentations- und Archivierungsregeln des Unternehmens.

■ 6.9 Verfahren 6: Attributive Messsystemanalyse

6.9.1 Lehren

Prüfverfahren werden in die Arten Messen und Lehren unterteilt.

Beim Messen verwendet man Geräte mit einer Skala, an der man die Werte der Messgröße ablesen kann. Das Messgerät kann starr (Lineal) oder verstellbar sein (Messschieber).

 Mit Lehren wird festgestellt, ob das zu prüfende Objekt innerhalb der vorgegebenen Grenzen liegt. Man vergleicht die Form oder ein Maß des Objekts mit einer Lehre, die das vorgeschriebene Maß oder die gewünschte Form verkörpert. Lehren sind starr, sie haben keine Skala und keine beweglichen Teile. Das Prüfergebnis ist kein Zahlenwert, sondern eine Gut-/Schlecht Aussage. In der Regel kann bei Prüfung mit Lehren erkannt werden, in welche Richtung die Grenze überschritten wurde. Wie jedes Prüfsystem haben auch Lehren Unsicherheiten, die zu Fehlentscheidungen führen können.

Beispiele für Lehren sind Winkel, Radien- und Blattlehre, Haarlineale, Grenzlehren, Kegellehren, Steigungslehren.

Jede Lehre hat Bereiche, in denen die Zuordnung nicht eindeutig ist. Diese Bereiche werden Grauzonen genannt (Bild 6.13).

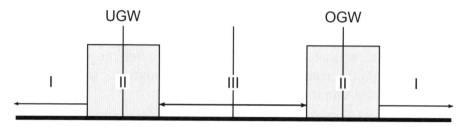

Bild 6.13 Grauzonen einer Lehre (Grafik vgl. MSA4, S. 144)

Wenn das zu prüfende Objekt in der Zone III liegt, wird das Objekt als gut eingestuft. In Zone I wird das Objekt nicht als gut eingestuft. Liegt das Maß des Objektes in den Zonen II, steht das Ergebnis der Prüfung nicht fest, es unterliegt dem Zufall.

Die Messsystemanalyse für attributive Messsysteme versucht die Frage zu beantworten, ob diese Grauzonen für den Anwendungsfall klein genug sind und wie der Einfluss der Prüfer auf das Ergebnis zu bewerten ist.

6.9.2 Erfassung der Ergebnisse

Um eine Lehre zu überprüfen, werden nach dem „Measurement Systems Analysis. Reference Manual. Fourth Edition. June 2010" (MSA4) eine ausreichend große Anzahl von Teilen zufällig dem Prozess entnommen. Es ist sinnvoll dafür zu sorgen, dass die Teile so gewählt werden, dass die ganze Merkmalstoleranz überdeckt und überschritten wird. Dabei der Prüfung von attributiven Messsystemen diejenigen Teile von besonderem Interesse sind, die in der Zone II liegen, ist zu berücksichtigen, dass die Zone II mit zunehmender Prozessfähigkeit schmaler wird. Die notwendige Größe der Stichprobe ist daher in Abhängigkeit von der Prozessfähigkeit zu bestimmen. Es ist zudem darauf zu achten, dass ein möglichst großer Teil der Stichprobe nahe der Spezifikationsgrenzen liegt.

6.9.3 Methoden der Datenanalyse

In dem „Measurement Systems Analysis. Reference Manual. Fourth Edition. June 2010" (MSA4) werden drei Vorgehensweisen zum Eignungsnachweis von attributiven Prüfprozessen unterschieden:

- Hypothesentest (Kreuztabellen-Methode),
- Signalerkennung,
- Leistungskurve des Messsystems (gage performance curve).

Die beiden ersten Vorgehensweisen sind die gebräuchlichsten und werden deshalb im Folgenden kurz erläutert.

Hypothesentest (Kreuztabellen-Methode)

Um die Ergebnisse der Prüfer untereinander zu vergleichen, werden Kreuztabellen erstellt. Kreuztabellen sind Tabellen, die die absoluten oder relativen Häufigkeiten von Kombinationen bestimmter Merkmalsausprägungen enthalten. Der Zweck dieser Kreuztabellen ist es, das Ausmaß der Übereinstimmung zwischen den Prüfern mit der Referenz und der Prüfer untereinander festzustellen.

Um das Ausmaß der Übereinstimmung zwischen Prüfern abschätzen zu können, wird die Kenngröße kappa κ berechnet. Der vom Psychologen Jacob Cohen vorgeschlagene Kappa-Koeffizient ist ein Maß für den Zusammenhang zweier attributiver Merkmale, z.B. bei der Untersuchung, ob zwei Prüfer A und B zu denselben Einschätzungen kommen. Der Kappa-Koeffizient berücksichtigt nicht das Ausmaß der Nicht-Übereinstimmung zwischen den Prüfern, sondern nur, ob die Prüfer übereinstimmen oder nicht (MSA4:137).

Berechnung von kappa κ:

p_0 = Summe der beobachteten Anteile der diagonalen Zellen

p_e = Summe der erwarteten Anteile der diagonalen Zellen

$$\kappa = \frac{p_0 - p_e}{1 - p_e}$$

Werte für κ größer als 0,75 deuten auf eine gute bis sehr gute Übereinstimmung (bei einem Maximum κ = 1) hin; Werte für κ kleiner als 0,4 deuten auf schlechte Übereinstimmung hin.

Es ist zu bemerken, dass κ ein Koeffizient zur Schätzung der Assoziation nominal skalierter Variablen ist. Die Größe für κ ist eine Messgröße, die eine Aussage über die Übereinstimmung darstellt.

Zwischen den Prüfern herrscht eine gute Übereinstimmung. Dies zeigt aber nicht, wie gut dieses Messsystem gute von schlechten Teilen unterscheidet.

Im Referenzhandbuch Analyse von Messsystemen (MSA) werden die in Tabelle 6.4 dargestellten Grenzen vorgeschlagen.

Tabelle 6.4 Grenzwerte für die Einstufung des Messmittels

Regeln zur Entscheidung Messmittel	Effektivität	Schlecht-Anteil nicht erkannt	Gut-Anteil nicht erkannt
für den Prüfer akzeptabel	≥ 90 %	≤ 2 %	≤ 5 %
eingeschränkt annehmbar für den Prüfer (Grenzbereich)	≥ 80 %	≤ 5 %	≤ 10 %
nicht annehmbar für den Prüfer	< 80 %	> 5 %	> 10 %

Signalerkennung

Mit der Methode der Signalerkennung wird die relative Breite der Grauzone (Zone II in Bild 6.13) in Bezug auf die Toleranz bestimmt, um den Kennwert %GRR (Gage Repeatability and Reproducibility) der zu prüfenden Lehre zu ermitteln. Dieses Verfahren, für das die Referenzwerte zwingend benötigt werden, wird schrittweise folgendermaßen durchgeführt:

- Ermittlung der Toleranz aus den Spezifikationsgrenzen,
- Ordnen der Datenmatrix absteigend nach den Referenzwerten,
- Bestimmung der Spannweiten der beiden Grauzonen,

- Berechnung der durchschnittlichen Spannweite der Grauzonen,

- Berechnung des Kennwerts %GRR (Gage Repeatability and Reproducibility) als prozentualen Anteil der durchschnittlichen Spannweite an der Toleranz.

6.10 Fazit

Die Messsystemanalyse nach MSA in Verbindung mit einschlägigen Firmenrichtlinien wie auch der GUM und der Nachweis der Prüfprozesseignung nach VDA Band 5 gleichen sich in der Vorgehensweise zur Ermittlung der Messwerte. Ziel ist es, die Größe des Streubereichs zu ermitteln, in dem die Messwerte liegen, die das Messsystem liefert.

Im Gegensatz zu dem GUM und zu der Methodik nach VDA Band 5 erlaubt es die MSA jedoch nicht, jeden möglichen Beitrag zur Messunsicherheit separat zu berücksichtigen und somit gezieltere Eingriffe zur Verbesserung des Messprozesses vorzunehmen.

Der wichtigste Unterschied zwischen dem GUM, dem VDA Band 5 und der MSA zeigt sich in unterschiedlichen Kennwerten und in deren Interpretation. In dem GUM werden Grenzwerte für Kenngrößen nicht angesprochen. Die nach der MSA vorgegebenen Grenzwerte für die Eignungskennwerte sind verbindlich, während in dem VDA Band 5 nur Richtwerte für die Beurteilung der Eignungskennwerte als Orientierungshilfe für eine Festlegung zwischen Kunden und Lieferanten vorgeschlagen werden.

6.11 Literatur

[DaimlerChrysler] *QM-Werk Untertürkheim (Hg.)* (2007): Eignungsnachweis von Prüfprozessen. *Leitfaden LF 5, Version 2007/1*, Berlin, Hamburg, Untertürkheim: DaimlerChrysler AG.

Deutsche Gesellschaft für Qualität (Hg.) (2003): Prüfmittelmanagement. *Planen, Überwachen, Organisieren und Verbessern von Prüfprozessen*, 2. Auflage. Berlin: Beuth (DGQ-Band 13-61).

Dietrich, Edgar und *Schulze, Alfred* (2014): Eignungsnachweis von Prüfprozessen. *Prüfmittelfähigkeit und Messunsicherheit im aktuellen Normenumfeld. 4.*, überarbeitete Auflage. München, Wien: Hanser.

[GUM] *Deutsches Institut für Normung; Deutsche Elektrotechnische Kommission* (1999): Leitfaden zur Angabe der Unsicherheit beim Messen =. Guide to the Expression of Uncertainty in Measurement = Guide pour l'expression de l'incertitude de mesure. Juni 1999. Berlin: Beuth (Deutsche Normen, DIN V ENV 13005).

[Leitfaden 1999] *Q-DAS GmbH*: *Leitfaden der Automobilindustrie zum „Fähigkeitsnachweis von Messsystemen"*. Birkenau, 1999.

[Leitfaden 2002] *Q-DAS GmbH*: Leitfaden zum „Fähigkeitsnachweis von Messsystemen" 17. September 2002, Version 2.1.

[MSA4] *AIAG* (2010): *Measurement Systems Analysis*. Reference Manual. 4th ed. A.I.A.G. Chrysler Group LLC; Ford Motor Company; General Motors Corporation. Detroit, Michigan, USA.

[QS-9000] *Chrysler Corp., Ford Motor Corp., General Motors Corp.* (1995): Quality Systems Requirements QS 9000. Detroit, Mi.

[VDA 5] *Verband der Automobilindustrie (Hg.)* (2011): Prüfprozesseignung. *Eignung von Messsystemen, Eignung von Mess- und Prüfprozessen, erweiterte Messunsicherheit, Konformitätsbewertung. 2. vollständig überarbeitete Auflage 2010, aktualisiert Juli 2011*. Berlin: Verband der Automobilindustrie (VDA), Qualitätsmanagement Center (QMC) (Qualitätsmanagement in der Automobilindustrie, Band 5).

7 Prüfprozesseignung nach VDA 5

Bei der Prüfprozesseignung nach VDA Band 5 („Prüfprozesseignung" VDA 5b) handelt es sich um ein einheitliches und praxisgerechtes Modell zur Ermittlung und Berücksichtigung der „erweiterten Messunsicherheit".
VDA 5 beschreibt folgende Fragestellungen:
- Eignung von Messsystemen,
- Kurzzeitbetrachtung von Messprozessen, Abnahme von Messsystemen, Vergleich von mehreren Messstellen, Messsystemen für gleiche Messaufgaben,
- Langzeitbetrachtung der Eignung von Messprozessen,
- Ermittlung der erwei terten Messunsicherheit zur Berücksichtigung für Konformitätsaussagen nach ISO DIN EN 14253 Teil 1,
- laufende Überprüfung der Messprozesseignung.

Messsysteme und Messprozesse müssen ausreichend und umfassend beurteilt werden. Dabei dürfen Einflussfaktoren, wie die Kalibrierunsicherheit der Normale und deren Rückführbarkeit auf (inter)nationale Normale, der Einfluss des Prüfobjektes oder auch die Langzeitmessbeständigkeit des Messprozesses nicht außer Acht gelassen werden.

Um sicher bewerten zu können, ob Messwerte zu festgelegten Merkmalen „in Ordnung" oder „nicht in Ordnung" sind, müssen auch die Abweichungen berücksichtigt werden, die auf den Messprozess zurückzuführen sind. Sie müssen in einem angemessenen Verhältnis zur Merkmalstoleranz stehen, damit sie akzeptiert werden können.

VDA 5 berücksichtigt in seiner aktuellen Auflage (Juli 2011) Normen und Richtlinien (z.B. ISO 22514-7, DIN EN ISO 14253-1, DIN V ENV 13005 = GUM, MSA), die grundlegende Geltung besitzen.

Sowohl die DIN V EN 13005 (GUM) als auch die DIN EN ISO 14253 waren zunächst das Motiv für den VDA, das Thema Prüfprozesseignung Anfang der 2000er Jahre zu bearbeiten. Internationale Normen können auf Dauer nicht beiseitegelassen werden. Eine VDA-Arbeitsgruppe erarbeitete den ersten Band VDA 5, der erstmals 2003 veröffentlicht wurde (VDA 5a).

Diese Veröffentlichung wurde in der Zulieferbranche zwar diskutiert. Teilweise wurden Einkaufsbedingungen von MSA auf VDA 5 umgeschrieben. Aber eine große, spürbare Wirkung gab es in der Branche jedoch nicht.

Unmittelbar nach der ersten Veröffentlichung wurde die Gruppenarbeit fortgesetzt. Ende Oktober 2010 erschien die zweite vollständig überarbeitete Auflage. Im VDA gibt es nun ein Commitment, VDA 5 in der Branche durchzusetzen. Die derzeitigen Äußerungen deuten darauf hin, dass die Ergebnisse aus den Verfahren der MSA nur noch als Teilaspekt, als Eingangsinformation in die VDA 5-Auswertungen eingehen sollen.

Die Vorgehensweise zur Ermittlung der Messwerte, die in dem VDA Band 5 empfohlen wird, ist die Gleiche wie diejenige der Messsystemanalyse. „Der Unterschied liegt nicht in der Vorgehensweise, sondern in den unterschiedlichen Kennwerten und der Interpretation" (VDA 5a 2011, S.69; vgl. auch S.56).

Wesentliche Änderungen im VDA 5 – 2. Auflage, 2010, aktualisiert Juli 2011:

- Orientierung an der ISO/CD 22514-7, Fähigkeit von Messprozessen,

- Schaffung einer guten Auditbasisdurch die Abstimmung mit der Norm,

- Konformitätsbewertung,

- Integration der bewährten MSA-Verfahren (Measurement System Analysis), Daten aus früheren Fähigkeitsstudien können zur Ermittlung der Messunsicherheit verwendet werden,

- Einflusskomponenten werden nicht mehrfach in die Berechnung einbezogen,
- ergänzende Eignungsprüfung für attributive Prüfprozesse,
- Abstimmung der Begrifflichkeiten mit VIM und GUM,
- Vergleich von Messsystemen,
- Kurz- und Langzeitbetrachtungen,
- Umgang mit nicht geeigneten Messsystemen und -prozessen,
- laufende Überprüfung,
- spezielle Prozesse,
- Erweiterung der Beispiele.

Die Bewertung von Messprozessen und die Berücksichtigung von Messunsicherheiten nach VDA 5 umfassen die in Tabelle 7.1 dargestellten Nachweise.

Tabelle 7.1 Nachweise der Bewertung von Messprozessen und die Berücksichtigung von Messunsicherheiten

Eingangsinformation	Beschreibung	Ergebnis
Angaben zum Prüfmerkmal, Messsystem und zu den verwendeten Normalen	Nachweis der Messsystemeignung	Erweiterte Messunsicherheit U_{MS}, Eignungskennwert Q_{MS}
Angaben zum Prüfmerkmal und Messprozess mit allen zu berücksichtigenden Unsicherheitskomponenten	Nachweis der Messprozesseignung	erweiterte Messunsicherheit U_{MP}, Eignungskennwert Q_{MP}
Angaben zum Prüfmerkmal und die erweiterte Messunsicherheit U_{MP}	Konformitätsbewertung DIN EN ISO 14253	Entscheid: konform, nicht konform, unsicher
Angaben aus Messsystem, Messprozess und zum Prüfmerkmal	laufende Überprüfung der Messprozesseignung	Regelkarte mit berechneten Eingriffsgrenzen

In Bild 7.1 ist ein typischer Ablauf für den Eignungsnachweis von Messsystemen und Messprozessen nach VDA Band 5 dargestellt.

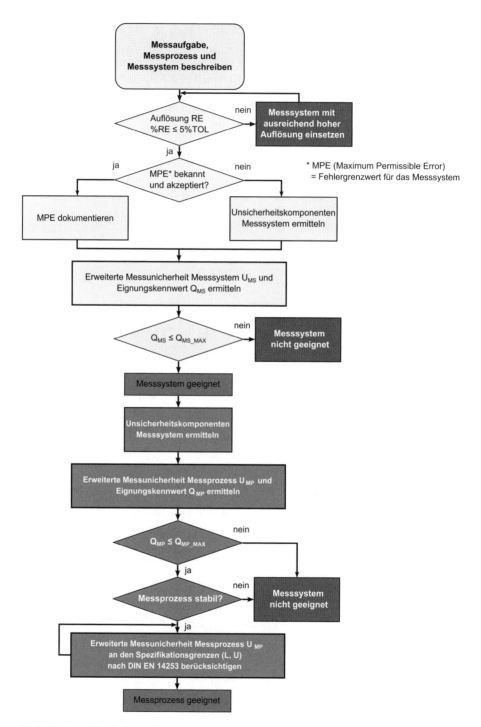

Bild 7.1 Ablauf für die Beurteilung von Prüfprozessen nach VDA Band 5 (VDA 5b 2011, S. 41)

Tabelle 7.2 gibt einen Überblick über die in diesem Kapitel verwendeten Formelabkürzungen.

Tabelle 7.2 Bei der Eignungsbeurteilung von Prüfprozessen verwendete besondere Formelzeichen

a	Fehlergrenzwert
b	Verteilungsfaktor
Bi	systematische Messabweichung
C_g	Kennzahl für die Fähigkeit des Messsystems ohne Berücksichtigung der systematischen Messabweichung (Bi)
C_{gk}	Kennzahl für die Fähigkeit des Messsystems mit Berücksichtigung der systematischen Messabweichung (Bi)
$\bar{x}_{Diff}$	Vergleichspräzision
G	Gewichtungsfaktor
k	Erweiterungsfaktor
L, U	Spezifikationsgrenzen
MPE	Fehlergrenzwert für das Messsystem (Maximum Permissible Error)
MPE	Grenzwert der Messabweichung (Maximal Permissible Error)
n	Anzahl der Messwerte einer Stichprobe
n*	Anzahl der Stichproben bei mehrmaligen Wiederholungsmessungen
OGW	oberer Grenzwert
Q_{MP}	Eignungskennwert für erweiterte Messunsicherheit des Messprozesses
Q_{MP_max}	Grenzwert für Q_{MP}
Q_{MS}	Eignungskennwert für erweiterte Messunsicherheit des Messsystems
Q_{MS_max}	Grenzwert für Q_{MS}
RE	Auflösung
s_g	Wiederhol-Standardabweichung des Messmittels beim Vermessen des Normals
t	Zeit

Tabelle 7.2 *Fortsetzung*

TOL	Toleranz ohne Berücksichtigung der Messunsicherheit an den Spezifikationsgrenzen
$TOL_{MIN-UMP}$	kleinste prüfbare Toleranz für den Messprozess
$TOL_{MIN-UMS}$	kleinste prüfbare Toleranz für das Messsystem
U	erweiterte Messunsicherheit des Messprozesses
$u(x_i)$	Standardmessunsicherheit
u_{AV}	Vergleichbarkeit – Bedienereinfluss
u_{BI}	systematische Messabweichung
u_{CAL}	Kalibrierunsicherheit
u_E	Einstellvorgang
u_{EVO}	Wiederholbarkeit – Streuung am Prüfobjekt
u_{EVR}	Wiederholbarkeit – Streuung des Messsystems
u_G	globale Unsicherheit
u_{GV}	Vergleichbarkeit der Messvorrichtung
UGW	unterer Grenzwert
u_{IAi}	Wechselwirkung
u_L	lokale Unsicherheit
u_{LIN}	Linearitätsabweichung
U_{MP}	erweiterte Messunsicherheit Messprozess
U_{MS}	erweiterte Messunsicherheit Messsystem
u_{MP}	kombinierte Standardunsicherheit des Messprozesses
u_{MS}	kombinierte Standardunsicherheit des Messsystems
u_{OBJ}	Einfluss durch das Prüfobjekt
u_{RE}	Unsicherheit durch die Auflösung des Messsystems
u_{REST}	Unsicherheit – sonstige Einflüsse
u_T	Unsicherheit – Temperatureinfluss
$\bar{x}_g$	arithmetischer Mittelwert einer am Normal erfassten Messwertreihe
$\bar{x}$	arithmetischer Mittelwert
x_m	richtiger Wert des Einstellmeisters

7.1 Messunsicherheit an den Spezifikationsgrenzen (DIN EN ISO 14253-1)

In der Norm EN ISO 14253-1, Geometrische Produktspezifikationen (GPS) – Prüfung von Werkstücken und Messgeräten durch Messen – Teil 1: Entscheidungsregeln für die Feststellung von Übereinstimmung oder Nichtübereinstimmung mit Spezifikationen, geht es um die Bestätigung durch Messung, dass Spezifikationen eingehalten werden oder eben nicht. Der Lieferant liefert mit den Teilen ein Messprotokoll mit. Der Abnehmer misst mit seinen Messprozessen in der Wareneingangsprüfung eine Stichprobe, um die Übereinstimmung mit seinen Forderungen festzustellen.

Nach dem Bürgerlichen Gesetzbuch (BGB) ist jeder Hersteller eines Produkts verpflichtet, die vertraglich zugesicherten Eigenschaften eines Produkts zu erfüllen. Ausgehend von der Annahme, dass die zugesicherten Eigenschaften eines Produkts eindeutig festgelegt sind, liegen mit der neuen Norm DIN EN ISO 14253-1 für das Prüfen von Werkstücken und Messgeräten durch Messen internationale Entscheidungsregeln für die Feststellung von Übereinstimmung oder Nicht-Übereinstimmung mit Spezifikationstoleranzen vor.

Während in der Vergangenheit die Messunsicherheit bei der Beurteilung, ob ein Teil innerhalb der Toleranz liegt, meistens unbeachtet blieb, und die scharfe Toleranzgrenze das alleinige Entscheidungskriterium für die Feststellung der Übereinstimmung war, ist in dieser neuen Norm die Messunsicherheit ein wesentlicher Bestandteil der Entscheidungsregel. Dabei wird die Unsicherheit des Messverfahrens bei der Entscheidung bzgl. der Konformität berücksichtigt und eine Zone der Unsicherheit definiert, in der der Nachweis der Konformität oder der Nicht-Konformität durch die vorhandene Messunsicherheit nicht möglich ist.

DIN EN ISO 14253-1 legt zudem fest, dass – soweit nichts anderes vereinbart – die Messunsicherheit des Messergebnisses immer zu Lasten des Beweisführenden geht. Für den Warenausgang hat dies z. B. zur Folge, dass die Werkstücke nur dann freigegeben werden dürfen, wenn die Merkmalswerte im Übereinstimmungsbereich liegen. Bei zweiseitigen Merkmalstoleranzen, z. B. bei Längenmaßen, entspricht dies der Toleranzzone abzüglich des doppelten Betrages der Messunsicherheit.

ISO 14253-1 fordert, dass für die Feststellung der Übereinstimmung mit Spezifikationen die Messunsicherheit zu berücksichtigen ist. Außerdem fordert sie, dass die Messunsicherheit nach GUM zu ermitteln ist. Das setzt voraus, dass die Messunsicherheit bekannt ist.

Bei dieser Arbeitsweise gibt es drei Bereiche, die unterschieden werden müssen. Der erste Bereich ist der Bereich der Übereinstimmung (Bild 7.2). Der Lieferant misst, zieht von der Toleranz die Messunsicherheit ab und hält die Spezifikation sicher ein, wenn die Messwerte in dem dann reduzierten Bereich der Spezifikation liegen.

Bild 7.2 Bereich der Übereinstimmung

Der zweite Bereich ist der Bereich der Nichtübereinstimmung, der auftritt, wenn der Abnehmer misst (Bild 7.3). Um sicher entscheiden zu können, dass die Ware die Spezifikation nicht erfüllt, muss die Messunsicherheit zur Toleranzgrenze addiert werden. Erst außerhalb dieses Bereichs kann die Ware als sicher nicht konform bestätigt werden.

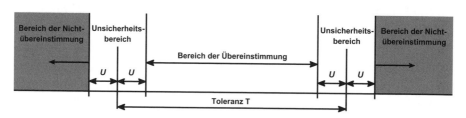

Bild 7.3 Bereich der Nichtübereinstimmung

In den beiden Bereichen um die Toleranz herum kann keine sichere Aussage zur Übereinstimmung gemacht werden. Die Messunsicherheit ist ein Zufallsstreubereich, in dem jeder Messwert des Bereichs vorkommen kann. Für sichere Aussagen ist deshalb der ganze Bereich der Unsicherheit zu berücksichtigen (Bild 7.4).

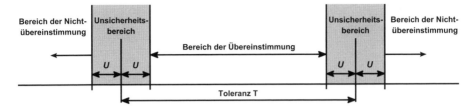

Bild 7.4 Messunsicherheit

Es wird vermutet, dass die Ablösung des Grenzwertdenkens durch das Denken in Bereichen, eine der entscheidenden Weiterentwicklung der nächsten Jahre sein wird.

Viele Praktiker kennen die Situation, dass Werte knapp außerhalb oder knapp innerhalb der Spezifikationen liegen und die mühevollen Diskussionen, die sich daran anschließen können. Dabei geht es oft darum festzustellen, wer denn Recht hat. Häufig wäre festzustellen, dass alle ihre Arbeit ordentlich gemacht haben und richtig gemessen haben. Unter Berücksichtigung der Messunsicherheit sind die Ergebnisse der Messungen gleich, allerdings sorgt die dazwischenliegende Spezifikation für scheinbar gegensätzliche Ergebnisse.

7.2 Einflüsse auf die Unsicherheit beim Messen

Meistens wirken sich die Einflüsse, die durch das Messsystem, die Bediener, das Messobjekt, die Umwelt usw. verursacht werden, als zufällige Abweichung auf das Messergebnis aus. Mögliche Einflusskomponenten sind in den Kapiteln 2.9 sowie 5.2 beschrieben. Bei der Ermittlung der erweiterten Messunsicherheit zur Bestimmung der Prüfprozesseignung, ist es wichtig, die dominierenden und immer wiederkehrenden Einflüsse zu erkennen und zu berücksichtigen.

7.2.1 Systematische Messabweichung (Genauigkeit, Bias)

Die systematische Messabweichung ist die Differenz zwischen dem Referenzwert eines kalibrierten Normals und dem Mittelwert aus n ≥ 25 Wiederholungsmessungen an diesem Normal. Die Messungen werden von einem Prüfer am selben Normal an einem Ort und in gleicher Ausrichtung durchgeführt:

$Bi = |\bar{x}_g - x_m|$

7.2.2 Wiederholpräzision (Messgerätestreuung)

Die Messgerätestreuung kann über die Standardabweichung der Einzelmesswerte aus $n \geq 25$ Wiederholungsmessungen an einem Normal oder Prüfling ermittelt werden. Die Messungen werden von einem Prüfer am selben Prüfobjekt an einem Ort und in gleicher Ausrichtung durchgeführt.

In der Regel wird der Streubereich von ± 2 Standardabweichungen betrachtet.

$$s_g = \sqrt{\frac{\sum_{i=1}^{n}(x_i - \bar{x})^2}{n-1}}$$

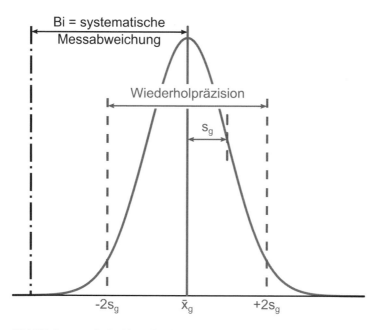

Bild 7.5 Systematische Messabweichung und Messgerätestreuung

Die Wiederholpräzision (Bild 7.5) ist die Fähigkeit eines Messgerätes, bei wiederholtem Anlegen derselben Messgröße unter denselben Messbedingungen nahe beieinander liegende Anzeigen (Messwerte) zu liefern. Sie kann in Form von Fähigkeitsindizes (C_g, C_{gk}) angegeben werden.

7.2.3 Vergleichspräzision (Bedienerstreuung)

Durch die Ermittlung der Vergleichspräzision können unterschiedliche Faktoren wie der Einfluss durch

- verschiedene Prüfer oder
- verschiedene Prüforte oder
- verschiedene Prüf- und Prüfhilfsmittel

beurteilt werden. Es ist darauf zu achten, dass immer nur eine der variablen Faktoren verändert wird. Zur Beurteilung der Bedienerstreuung messen in der Regel drei Prüfer zehn Teile zweimal an derselben Stelle. Aus den Messwerten pro Prüfer können die Mittelwerte und der Gesamtmittelwert berechnet werden. Über die Mittelwertdifferenz kann die Vergleichspräzision berechnet werden (Bild 7.6).

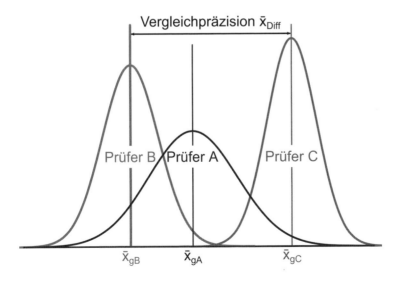

Bild 7.6 Vergleichspräzision

7.2.4 Zeitabhängige Streuung (Stabilität, Messbeständigkeit)

Zur Beurteilung, wie sich das Messsystem oder der Messprozess über die Zeit verhält, kann die Stabilität untersucht werden. Dazu werden von einem Prüfer Messungen mit einem festgelegten Messsystem, am selben Prüfobjekt, an einem Ort in festgelegten Zeitabständen durchgeführt. Die Stabilitätsabweichung ergibt sich aus der Differenz aus dem größten und kleinsten Mittelwert der Messwertreihen (Bild 7.7).

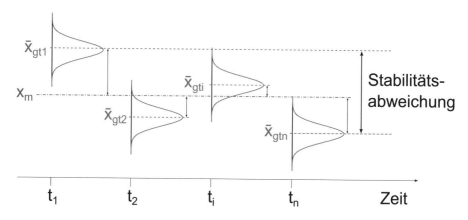

Bild 7.7 Stabilität, Messbeständigkeit

In der Stabilitätsabweichung sind zufällige und systematische Einflussgrößen enthalten. Zur Überwachung und Auswertung kann eine Qualitätsregelkarte verwendet werden. Die Eingriffsgrenzen können z.B. bei ± 5% der Toleranz festgelegt werden.

7.2.5 Linearität (Streuung im Messbereich)

Die Untersuchung, wie sich die systematische Messabweichung und die Messgerätestreuung des Messsystems über den Toleranzbereich bzw. den Messbereich verhalten, nennt man Linearitätsuntersuchung. Dabei werden an mindestens drei kalibrierten Normalen zehn Wiederholungsmessungen durchgeführt. Die Normale (Maßverkörperungen) sollten über den Toleranzbereich verteilt werden und die Toleranzgrenzen berücksichtigen. Die Istwerte sollten im Bereich von ± 10% der Toleranzgrenzen bzw. der Toleranzmitte liegen (Bild 7.8).

7.2 Einflüsse auf die Unsicherheit beim Messen

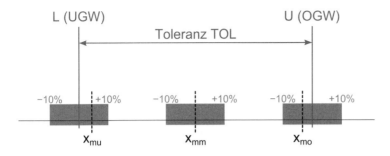

Bild 7.8 Empfehlung für die Lage der Normale

Die größte systematische Messabweichung aus den drei Messreihen kann im einfachsten Fall als Linearitätsabweichung angenommen werden (Bild 7.9).

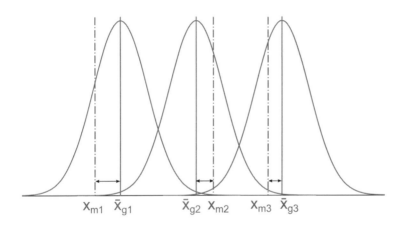

Bild 7.9 Linearitätsabweichung

Wenn die größten Werte für die systematische Messabweichung Bi und die Wiederholpräzision s_g aus den drei Messreihen verwendet werden, um die Standardunsicherheitskomponenten u_{BI} und u_{EVR} zu ermitteln, ist die Linearitätsabweichung enthalten und muss nicht zusätzlich bei der Ermittlung der erweiterten Messunsicherheit berücksichtigt werden.

Zur genaueren Untersuchung der Linearität können mehr als drei Normale verwendet werden. Die vollständige Auswertung erfolgt dann über die Regressionsanalyse. Wenn möglich, sollte aufgrund des Ergebnisses das Messsystem korrigiert werden.

7.3 Eignungsprüfung von Messprozessen

Ziele der Prüfprozesseignung für wiederholbare Messprozesse mit geometrischen Merkmalen sind:

- Ermittlung der erweiterten Messunsicherheit/Prüfprozessstreuung,
- Nachweis der Eignung von Messsystemen,
- Nachweis der Eignung von Mess- und Prüfprozessen für bestimmte Prozessstreuung und Feststellen der Toleranz oder Teilestreuung,
- regelmäßige Überwachung von werkstückspezifischen Mess- oder Prüfeinrichtungen,
- Erfassen der Einflussgrößen, die zur Optimierung der Prüfverfahren zu verändern sind,
- Vergleich von Mess- oder Prüfprozessen,
- Berücksichtigung der Messunsicherheit bei der Bewertung der Messergebnisse gegenüber vorgegebenen Toleranzen.

Der Ablauf der Eignungsprüfung beinhaltet folgende Schritte:

- Beschreibung und Analyse des Prüfprozesses (der Messaufgabe),
- Dokumentieren der Angaben zu Prüfmittel und Prüfhilfsmittel,
- Benennung und Festlegung der dominierenden Unsicherheitskomponenten,
- Ermittlung der ausreichenden Auflösung %RE des Messsystems,
- Ermittlung der Standardunsicherheiten durch Methode A und/oder Methode B,
- Berechnen der kombinierten Standardunsicherheit für das Messsystem u_{MS},
- Berechnen der erweiterten Messunsicherheit für das Messsystem U_{MS} und deren Beurteilung (Grenzwert Q_{MS}),
- Beurteilung der Prüfmittelverwendbarkeit, kleinste prüfbare Toleranz,

- Berechnung der kombinierten Standardunsicherheit für den Prüfprozess u_{MP},

- Berechnen der erweiterten Messunsicherheit für den Prüfprozess U_{MP} und deren Beurteilung (Grenzwert Q_{MP}),

- Berücksichtigung der erweiterten Messunsicherheit an den Spezifikationsgrenzen (Konformitätsbewertung).

7.3.1 Standardunsicherheiten, Standardmessunsicherheiten $u(x_i)$

Standardunsicherheiten quantifizieren die einzelnen Unsicherheitsanteile der relevanten Einflusskomponenten, die auf den entsprechenden Messprozess wirken. Die Ermittlung der Standardunsicherheiten nach den Methoden A oder B ist in Abschnitt 5.2 beschrieben.

Methode A (Standardabweichung)

Die Standardmessunsicherheit $u(x_i)$ kann im einfachsten Fall über die Standardabweichung s_g der Einzelmesswerte aus $n \geq 25$ Wiederholungsmessungen ermittelt werden.

$$u(x_i) = s_g = \sqrt{\frac{\sum_{i=1}^{n}(x_i - \bar{x})^2}{n-1}}$$

Durch mehrmalige Wiederholungsmessungen (Stichprobenumfang $n^* > 1$) lässt sich das Ergebnis reduzieren. Es wird die Standardmessunsicherheit des Mittelwertes der Stichprobe berechnet.

$$u(x_i) = \frac{s_g}{\sqrt{n^*}}$$

Methode A (ANOVA)

Genauere Ergebnisse bekommt man mit den aus der MSA bekannten Methoden:

- ARM – Average Range Method und

- ANOVA – Analysis of Variance.

Bei der Vorgehensweise nach ARM werden z.B. drei Prüfer zehn Teile zweimal messen. Aus den 3 · 10 · 2 = 60 Messwerten lassen sich Geräte- und Bedienereinflüsse (%GRR – Gage Repeatability & Reproducibility – Wiederhol- und Vergleichspräzision) ermitteln.

Die Auswertung nach der ANOVA-Methode ist aus statistischer Sicht der ARM-Methode vorzuziehen, da sie genauere Ergebnisse liefert und gleichzeitig die Wechselwirkung bestimmt. Da die Auswertung sehr umfangreich und mathematisch komplex ist, wird eine spezielle Auswertesoftware benötigt. Die ANOVA-Methode ist in dem Kapitel 6.4 erläutert.

Methode B

Wenn die Bestimmung einer Standardunsicherheit nach der Ermittlungsmethode A nicht bzw. nicht wirtschaftlich erfolgen kann, so können die entsprechenden Standardunsicherheiten aus Vorinformationen geschätzt werden.

Vorinformationen können sein:

- Daten aus früheren Messungen,

- Erfahrungen oder allgemeine Kenntnisse über Verhalten und Eigenschaften der relevanten Materialien und Messgeräte (bauähnliche bzw. baugleiche Geräte),

- Angaben des Herstellers,

- Daten von Kalibrierscheinen und Zertifikaten,

- Unsicherheiten, die Referenzdaten aus Handbüchern zugeordnet sind.

Bei Methode B ist zu unterscheiden, ob die erweiterte Messunsicherheit des Messprozesses U bekannt ist oder nicht. Liegen für die verwendeten Vorinformationen Schätzwerte mit einer erweiterten Messunsicherheit U_{MP} und Informationen zum verwendeten Erweiterungsfaktor k vor, so ist er zur Berechnung der kombinierten Standardunsicherheit u(y) zu berücksichtigen. Die Standardmessunsicherheit ergibt sich aus:

$$u(x_i) = \frac{U}{k}$$

mit k = 2 bei Vertrauensniveau 95 %

Liegt die erweiterte Messunsicherheit U_{MP} nicht vor, kann die Standardmessunsicherheit auch über einen bekannten oder festgelegten Grenzwert und einer vermuteten Verteilung durch Transformation der Fehlergrenzen ermittelt werden

$u(x_i) = a \cdot b$

mit

a = Grenzwert, Fehlergrenze, MPE

b = Verteilungsfaktor

MPE steht für Maximal Permissible Error (Grenzwert der Messabweichung).

Der Verteilungsfaktor b entspricht dem Gewichtungsfaktor G, der in dem Kapitel 5.2 vorgestellt wird.

7.3.2 Kombinierte Standardunsicherheit u(y)

Der Betrag der kombinierten Standardunsicherheit u(y) ergibt sich aus der quadratischen Summe der dominierenden und immer wiederkehrenden Standardunsicherheitskomponenten, die jeweils nach Methode A oder B ermittelt wurden (vgl. Kapitel 5.2):

$$u(y) = \sqrt{u(x_1)^2 + u(x_2)^2 + u(x_3)^2 + u(x_4)^2 + u(x_n)^2}$$

Kombinierte Standardunsicherheit „Messsystem" u_{MS}

Typische Komponenten der Unsicherheit eines Messsystems (u_{MS}) sind:

u_{CAL}	Kalibrierunsicherheit (B)
u_{RE}	Unsicherheit durch die Auflösung des Messsystems (B)
u_{BI}	systematische Messabweichung (A/B)
u_{EVR}	Wiederholbarkeit – Streuung des Messsystems (A)
u_{LIN}	Linearitätsabweichung (A/B)
u_E	Einstellvorgang (B)
u_{REST}	sonstige Einflüsse (A/B)

Die Unsicherheit eines Messsystems wird wie folgt ermittelt:

$$u_{MS} = \sqrt{u_{CAL}^2 + \max\{u_{RE}^2; u_{EVR}^2\} + u_{BI}^2 + u_{LIN}^2 + u_{REST}^2}$$

Zur Ermittlung der kombinierten Standardunsicherheit „Messsystem" u_{MS} wird der größere Wert aus den Standardunsicherheiten u_{RE} und u_{EVR} verwendet:

$$\max\{u_{EVR}^2; u_{RE}^2\}$$

Die Ermittlung der kombinierten Standardunsicherheit für das Messsystem u_{MS} kann vereinfacht werden, wenn z. B. durch Kalibrierung MPE nachgewiesen und dokumentiert wurde. Damit sind die prüfmittelspezifischen Einflüsse abgedeckt. Für universell eingesetzte Standardprüfmittel kann die Standardunsicherheit aus den zulässigen Fehlergrenzen ermittelt werden:

$$u_{MS} = \frac{MPE}{\sqrt{3}} = MPE \cdot 0{,}577$$

Kombinierte Standardunsicherheit „Messprozess" u_{MP}

Typische Komponenten der Unsicherheit eines Messprozesses (u_{MP}) sind:

u_{MS}	Messsystemeinflüsse (Methode A)
u_{EVO}	Wiederholbarkeit – Streuung am Prüfobjekt (Methode A)
u_{AV}	Vergleichbarkeit – Bedienereinfluss (Methode A)
u_{GV}	Vergleichbarkeit der Messvorrichtung (Methode A)
u_{OBJ}	Einfluss durch das Prüfobjekt (Methode A)
u_T	Temperatureinfluss (Methode B)
u_{REST}	sonstige Einflüsse (Methode A oder B)
u_{IAi}	Wechselwirkung(en)

$$u_{MP} = \sqrt{\begin{array}{l} u_{CAL}^2 + \max\{u_{RE}^2; u_{EVR}^2; u_{EVO}^2\} + u_{BI}^2 + u_{LIN}^2 \\ + u_{AV}^2 + u_{GV}^2 + u_{OBJ}^2 + u_T^2 + u_{REST}^2 + \sum_i u_{IAi}^2 \end{array}}$$

Zur Ermittlung der kombinierten Standardunsicherheit „Messprozess" u_{MP} wird der größere Wert aus den Standardunsicherheiten u_{RE}, u_{EVR} und u_{EVO} verwendet.

$$\max\{u_{EVR}^2; u_{RE}^2; u_{EVO}^2\}$$

7.3.3 Erweiterte Messunsicherheit U

Für die erweiterte Messunsicherheit wird in der GUM und in der DIN EN ISO 14253 das Formelzeichen „U" benutzt. Die erweiterte Messunsicherheit U ist ein Maß für die Unsicherheit, mit welcher der wahre Wert von einem gemessenen Wert abweichen kann. Sie ergibt sich durch Multiplikation der kombinierten Standardunsicherheit u(y) mit dem Erweiterungsfaktor k (vgl. Kapitel 5.2).

$U = k \cdot u(y)$

Der k-Faktor ist abhängig vom festgelegten Vertrauensniveau. Empfohlen wird der Faktor k = 2 bei einem Vertrauensniveau von 95,45 %:

k-Faktor	Vertrauensniveau($P = 1-\alpha$)
1	68,27 %
2	95,45 %
3	99,73 %

In der Praxis ist es empfehlenswert, U_{MS} und U_{MP} zu verwenden, da in neueren Normen das „U" für die obere Toleranzgrenze (OGW) eingesetzt wird.

Erweiterte Messunsicherheit „Messsystem" U_{MS}

Die erweiterte Messunsicherheit des Messsystems U_{MS} wird durch Multiplikation der kombinierten Standardunsicherheit für das Messsystem u_{MS} mit dem Erweiterungsfaktor k berechnet:

$U_{MS} = k \cdot u_{MS}$

Erweiterte Messunsicherheit „Messprozess" U_{MP}

Die erweiterte Messunsicherheit U_{MP} ergibt sich, indem man die kombinierte Standardunsicherheit für den Messprozess u_{MP} mit dem Erweiterungsfaktor k multipliziert (Bild 7.10):

$$U_{MP} = k \cdot u_{MP}$$

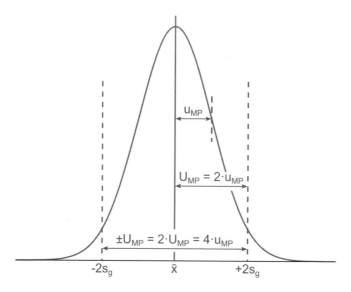

Bild 7.10 Erweiterte Messunsicherheit

7.3.4 Unsicherheitsbudget

Eine übersichtliche Darstellung der Standardunsicherheitskomponenten des Messsystems und Messprozesses wird Unsicherheitsbudget genannt (Tabelle 7.3; vgl. auch Kapitel 5.3).

Tabelle 7.3 Mögliche Darstellung des Unsicherheitsbudgets

Einflussgröße, Standardunsicherheit (Benennung)	Ermittlungsmethode	Anzahl Messungen	Grenzwert „a"	Verteilungsfaktor „b"	Standardabweichung bzw. ANOVA	Rang	Standardunsicherheit (Wert)
$u(x_i)$	A/B	n		Methode B	Methode A		$u(x_i)$
kombinierte Messunsicherheit			$u(y) = \sqrt{\sum_{i=1}^{n} u(x_i)^2}$				
erweiterte Messunsicherheit			$U_{MS} = k \cdot u(y)$ $U_{MP} = k \cdot u(y)$				

7.3.5 Eignungskennwerte und deren Grenzwerte

Zur Beurteilung der Anforderungen an das Messsystem und den Messprozess werden Eignungskennwerte als das Zweifache des Quotienten aus erweiterter Unsicherheit und Toleranz berechnet und als Prozentwerte angegeben. Sind die Eignungskennwerte nicht größer als vorzugebende Grenzwerte, sind Messsystem und Messprozess als geeignet einzustufen (Bild 7.11).

Eignungskennwert für das Messsystem Q_{MS}:

$$Q_{MS} = 2 \cdot \frac{U_{MS}}{T} \cdot 100\%$$

Eignungskennwert für den Messprozess Q_{MP}:

$$Q_{MP} = 2 \cdot \frac{U_{MP}}{T} \cdot 100\%$$

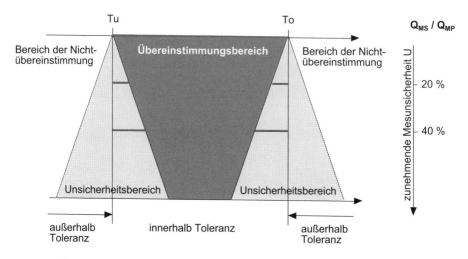

Bild 7.11 Übereinstimmung, Toleranz, Unsicherheit und Q_{MS}/Q_{MP}-Wert

Zur Beurteilung der ermittelten Eignungskennwerte sind Grenzwerte für Messsystem- und Messprozesseignung festzulegen. Dabei sind technische und wirtschaftliche Gesichtspunkte zu berücksichtigen. Im Lieferverhältnis sollten die Grenzwerte zwischen Kunde und Lieferant vereinbart werden.

Die Größe des Grenzwertes ist das Ergebnis einer Managemententscheidung, die beispielsweise Entwicklung, Produktion oder Erbringen der Dienstleistung, Qualitätsmanagement, Marketing, Verkauf und Vertrieb betrifft. Durch diese Größe wird festgelegt, wie groß die Ausnutzung des Spezifikationsbereiches ist. Wenn z. B. für Q_{MP} der Grenzwert 20 % gewählt wird, bedeutet dies, dass der Toleranzbereich zu 20 Prozent von der Unsicherheit des Prüfprozesses aufgebraucht wird:

Im VDA Band 5 werden die Grenzwerte nicht näher spezifiziert, sondern nur die folgenden Richtwerte vorgeschlagen:

- Grenzwert für das Messsystem Q_{MS_max}

  $Q_{MS} \leq Q_{MS\,max} = 15\%$

- Grenzwert für den Messprozess Q_{MP_max}

$$Q_{MP} \leq Q_{MP\,max} = 30\%$$

Ein Prüfprozess wird als geeignet erachtet, wenn der Nachweis erbracht wird, dass der Prüfprozess den Grenzwert Q_{MP} nicht überschreitet.

Aus wirtschaftlichen Gründen sollte für kleine Toleranzen ein größerer Grenzwert zugelassen werden als für große Toleranzen. Unter der Annahme, dass der Eignungskennwert identisch mit dem Grenzwert ist, kann eine Mindesttoleranz bestimmt werden, für die der Prüfprozess noch geeignet ist:

7.3.6 Kleinste prüfbare Toleranz

Zur Klassifizierung der Messsysteme und -prozesse ist es sinnvoll, die kleinste prüfbare Toleranz zu ermitteln, mit der sowohl das Messsystem als auch der Messprozess gerade noch geeignet ist.

Kleinste prüfbare Toleranz für das Messsystem $TOL_{MIN-UMS}$:

$$TOL_{MIN-UMS} = \frac{2 \cdot U_{MS}}{Q_{MS\,max}} \cdot 100\%$$

Verbraucht die kleinste prüfbare Toleranz für das Messsystem bereits die vorgegebene Merkmalstoleranz, so wird die Standardunsicherheit für den Messprozess u_{MP} mit hoher Wahrscheinlichkeit überschritten. Die Analyse kann dann in der Regel abgebrochen werden.

Kleinste prüfbare Toleranz für den Messprozess $TOL_{MIN-UMP}$:

$$TOL_{MIN-UMP} = \frac{2 \cdot U_{MP}}{Q_{MP\,max}} \cdot 100\%$$

7.3.7 Lineare Berücksichtigung an den Toleranzgrenzen

Die erweiterte Messunsicherheit U_{MP} ist nach DIN EN ISO 14253 an den Spezifikationsgrenzen linear oder quadratisch zu berücksichtigen. Die lineare Berücksichtigung ist unabhängig von Vorbedingungen und ist schärfer als die quadratische Berücksichtigung. Diese darf nur unter

Einhaltung von festgelegten Voraussetzungen zur Anwendung kommen (Bild 7.12).

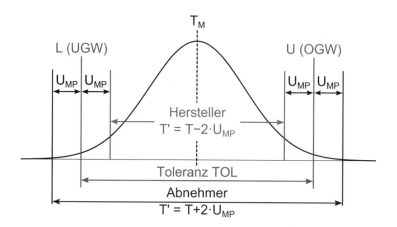

Bild 7.12 Lineare Berücksichtigung der Messunsicherheit an den Toleranzgrenzen

7.3.8 Langzeitbetrachtung und laufende Überprüfung

In der Regel werden die Tests zur Ermittlung der Prüfprozesseignung oder der Fähigkeit des Messsystems in kleinen Zeiträumen (Minuten, Stunden) durchgeführt. Es ergeben sich Kurzzeitinformationen, die keine Aussage über das Langzeitverhalten der Messsysteme und Messprozesse zulassen.

Zur Beurteilung des Langzeitverhaltens müssen die Tests mehrmals über einen aussagekräftigen Zeitraum (prüfprozessabhängig) durchgeführt werden.

Um zu erkennen, ob sich das Messsystem oder der Messprozess über den festgelegten Zeitraum signifikant verändert hat, kann eine Regelkarte geführt werden.

7.4 Eignungsnachweis bei attributiven Prüfmitteln

Da bei attributiven Prüfungen keine aussagekräftigen Messwerte vorliegen, ist der Eignungsnachweis nur mit erheblichem Aufwand (z. B. Funktionsfähigkeit) feststellbar. Die Wahrscheinlichkeit von 100 Prozent für ein richtiges Prüfergebnis, bekommt man nur, wenn die Merkmalswerte außerhalb der Unsicherheitsbereiche liegen. In der Mitte der Unsicherheitsbereiche liegt die Wahrscheinlichkeit bei ca. 50 Prozent.

Mögliche Methoden:

- Kurztest Lehrenfähigkeit (MSA),
- Eignungsnachweis ohne Referenzwerte (mit Bowker-Test),
- Eignungsnachweis mit Referenzwerten (MSA, siehe Kapitel 6.9).

7.4.1 Umgang mit nicht geeigneten Messsystemen und -prozessen

Sind Messsysteme oder -prozesse für die geplante Messaufgabe nicht geeignet, müssen die Standardunsicherheiten der vorhandenen Einflusskomponenten verringert oder eine technisch vertretbare Toleranzerweiterung angestrebt werden. Wenn es wirtschaftlich vertretbar ist, kann auch ein Messsystem bzw. -prozess mit geringerer Messunsicherheit zum Einsatz kommen.

7.4.2 Firmeninterne Vorgehensweise

Für die firmeninterne Vorgehensweise müssen die Berechnungsmethoden der unterschiedlichen Analyseverfahren in einer Verfahrensanweisung verbindlich festgelegt werden.

Die Berechnungsmethoden müssen ggf. mit dem Kunden abgestimmt werden.

Um die Ergebnisse der Analyseverfahren beurteilen und nachvollziehen zu können, müssen die Berechnungsmethoden mit den verwendeten Bezügen auf dem Protokoll angegeben werden.

7.5 Besondere Prüfprozesse

7.5.1 Kleine Toleranzen oder Geometrieelemente

Bei Messaufgaben mit sehr kleinen Toleranzen (nicht genormter Begriff) werden die üblichen Fähigkeits- und Eignungskennwerte oft nicht erreicht. Man bewegt sich in der Praxis an den physikalischen und technischen Grenzen. Die Teile sind nur sehr schwierig unter technisch hohem Aufwand herstellbar.

Kleine und teilweise unscharfe Geometrieelemente (Radien, Fasen, usw.) sind oft schwer erfassbar und unterliegen größeren Messunsicherheiten. Für solche Messaufgaben sind firmenspezifisch sinnvolle und technisch vertretbare Grenzwerte festzulegen und mit dem Kunden abzustimmen.

7.5.2 Sonderfälle

Prüfprozesse, bei denen eine Wiederholungsmessung nicht möglich ist oder durch Veränderung des Normals zu unterschiedlichen Ergebnissen führt, können nicht mit den beschriebenen Verfahren auf Eignung untersucht und bewertet werden. In einigen Fällen existieren Vorgaben durch Normen oder Hersteller.

Beispiele für Sonderfälle bei der Prüfprozesseignung:
- zerstörende Prüfungen,
- Härteprüfung,
- Schichtdickenmessung,
- Wuchten,
- Kraftmessung,
- chemische Analysen,
- Lecktest,
- Oberflächenmessung,
- Drehmomentmessung usw.

7.6 Fazit

Der VDA Band 5 beschreibt beispielhaft eine Reihe von Einflüssen und gibt auch die Rechenwege dazu an. Im Unterschied zum GUM werden aber keine vollständigen Modelle erstellt, die überwiegend mit Komponenten des Typs B (Nutzung von Informationsquellen) arbeiten. Der VDA Band 5 fordert nach wie vor eine Reihe von aufwändigen Versuchsreihen, die statistisch ausgewertet werden. Der Aufwand im Vergleich zu MSA wird nicht wesentlich geringer.

Bei vielen Prozessen sind Einflüsse wirksam, die sich durch eine Abarbeitung einer Sammlung von etwa elf Einflüssen nicht darstellen lassen, sondern eine spezifische Betrachtung benötigen. Bei der Verarbeitung dieser Einflüsse bietet der VDA Band 5 keine wirkliche Unterstützung.

Außerdem bleibt der Schwachpunkt, dass bei den Verfahren in dem VDA Band 5 die Sensitivitätskoeffizienten nicht berücksichtigt werden, obwohl diese auch in der Fertigungsprüfung bei verschiedenen Einflüssen nicht vernachlässigbar sind und z.T. erhebliche Auswirkung auf die Größe der gesamten Messunsicherheit haben.

Der VDA Band 5 lässt sich auch ohne intensive Vorkenntnisse anwenden, der GUM nicht. Der Aufwand bleibt groß, weil nach wie vor aufwändig Messreihen gemessen werden müssen. Die Gefahr der schematischen

Abarbeitung der Aufgaben, ohne dem Prüfprozess wirklich gerecht zu werden, ist nicht zu unterschätzen.

7.7 Exkurs: Messunsicherheitsbetrachtungen in der Inline-Messtechnik (VDA 5.1)

Auf der Grundlage des 2005 veröffentlichten Abschlussberichtes des Forschungsprojektes INTRAC der Physikalisch-Technischen Bundesanstalt (PTB) Braunschweig ist Anfang 2013 der VDA-Band 5.1 (Titel: Rückführbare Inline-Messtechnik im Karosseriebau) erschienen (VDA 5.1). Die dort beschriebene Vorgehensweise von einheitlichen und transparenten Verfahren zur Absicherung der Messprozesseignung lässt sich auch auf Inline-Messtechnik in anderen Bereichen übertragen, in denen primär optische Sensoren eingesetzt werden.

Unter Inline-Messtechnik (auch In-Prozess-Messtechnik genannt) versteht man in Fertigungslinien integrierte Messsysteme, die die Fertigungsprozesse überwachen und lenken. Da die Qualität der produzierten Bauteile in einem hohen Maße von der Qualität der Messergebnisse dieser Inline-Messsysteme abhängig ist, gelten hierfür auch die Festlegungen der ISO 9001 wie die des GPS-Konzepts.

Der VDA-Band 5.1 ist als Ergänzung zum VDA-Band 5 zu verstehen. Er baut auf dessen Empfehlungen und Vorgehensweisen zur Bestimmung der Prüfprozesseignung auf und enthält wertvolle Hinweise, welche Einflüsse bei der Betrachtung von Inline-Messtechnik von Relevanz sein können. Gegliedert ist er in zwei Teile:

- Der erste Teil beginnt mit Begriffsdefinitionen, anschließend folgen die Empfehlungen zur Fertigungslinienfreigabe.

- Im zweiten Teil werden Beispiele zur Ermittlung von Messsystem- und Messprozesseignung in den drei Phasen erläutert. Dieser Teil enthält auch über den VDA-Band 5 hinausgehende Praxistipps zur Ermittlung von Referenzwerten und Berücksichtigung von Unsicherheitsanteilen und deren Berechnung.

7.7.1 Ermittlung der Messsystem- und Messprozesseignung

Die Empfehlung für den Freigabeprozess von Inline-Messstationen unterscheidet die in Tabelle 7.4 dargestellten Phasen.

Tabelle 7.4 Drei Phasen des Freigabeprozesses von Inline-Messstationen

Phase:	Kennwertbestimmung:
1) Aufbauphase	Ermittlung der Messsystemeignung Q_{MS} mit Normalen und Lasertracker
2) Vorserie	Ermittlung der Messsystemeignung Q_{MS} mit kalibrierten Vorserienbauteilen ohne Aufspannung und Zuführung
	Ermittlung der Messsystemeignung Q_{MS} mit kalibrierten Vorserienbauteilen mit Aufspannung und Zuführung
	Ermittlung der Messprozesseignung Q_{MP} mit kalibrierten Vorserienbauteilen
3) Serie	Ermittlung der Messsystemeignung Q_{MS} mit kalibrierten Serienbauteilen mit Aufspannung und Zuführung oder Übernahme von Q_{MS} aus der vorherigen Phase
	Ermittlung der Messprozesseignung Q_{MP} mit Serienbauteilen

In allen Phasen ist besonders darauf zu achten, dass der Transportweg entsprechend abgesichert bleibt. Es muss sichergestellt sein, dass bei Transportvorgängen keine Veränderungen der Prüfmerkmale am Bauteil erfolgen. Dies sollte ggf. mit Messungen nachgewiesen werden.

Die Empfehlungen des VDA-Bands 5.1 für die Eignungsgrenzwerte lauten (vgl. Kapitel 7.3.5 zu den Richtwerten nach VDA Band 5):

- $Q_{MS} \leq Q_{MS\text{-}max}$, 15 % der Merkmalstoleranz für die Festlegung von $Q_{MS\text{-}max}$.

- $Q_{MP} \leq Q_{MP\text{-}max}$, 30 % der Merkmalstoleranz für die Festlegung von $Q_{MP\text{-}max}$.

Ermittlung der Messsystemeignung

Die Verwendbarkeit des Messsystems (toleranzbezogen) ist in allen drei Phasen zu überprüfen. In der Aufbauphase der Fertigungslinie sind häufig noch keine Produktionsteile verfügbar. In diesem Fall wird empfohlen, die Messsystemeignung Q_{MS} mit Normalen durchzuführen, die mit einem kalibrierten Lasertracker direkt in den Messstationen der Fertigungslinie eingemessen werden. Das soll in mindestens 25 Wiederholmessungen erfolgen.

Bei der Bestimmung der kombinierten Messunsicherheit des Messsystems u_{MS} sind mindestens die Kalibrierunsicherheit (Lasertracker) u_{CAL} die systematische Messabweichung uBIu$_{BI}$ und die Wiederholbarkeit am Normal u_{EVR} zu berücksichtigen.

Der Messunsicherheitsanteil des Lasertrackers – die Kalibrierunsicherheit u_{CAL} – wird dabei aus den Anteilen der globalen u_G und der lokalen Unsicherheit u_L berechnet. Die globale Unsicherheit beschreibt die Genauigkeit der Lageeinmessung der Normale, während die lokale Unsicherheit aus der Kalibrierung des Normals herrührt.

Über die Messversuche wird ein Großteil der Einflüsse erfasst. Weitere Einflüsse im Verlauf der Fertigungslinie, die nicht durch die Messversuche erfasst werden können, sind möglichst zu eliminieren. Falls dies nicht praktikabel ist, sind die Einflüsse als Restunsicherheit gemäß VDA Band 5 zu berücksichtigen. Die Berechnungen der Einflussgrößen erfolgen entsprechend der Empfehlungen des VDA-Bands 5 nach den in Tabelle 7.5 dargestellten Formeln.

Tabelle 7.5 Berechnungen der Einflussgrößen

Einflussgröße auf die Unsicherheit des Messsystems	Symbol mit Formel zur Berechnung der Standardunsicherheit
Kalibrierunsicherheit	$u_{CAL} = \sqrt{u_{Gi}^2 + u_{Li}^2}$
systematische Messabweichung	$u_{BI} = \left\| \frac{\bar{x}_g - x_m}{\sqrt{3}} \right\|$
Wiederholbarkeit am Normal (kalibriertes Bauteil)	$u_{EVR} = s_g = \sqrt{\frac{1}{n-1} \cdot \sum_{i=1}^{n} (y_i - \bar{x}_g)^2}$

7.7 Exkurs: Messunsicherheitsbetrachtungen in der Inline-Messtechnik (VDA 5.1)

Mit den Werten der Einflussgrößen werden die Kenngrößen nach den in Tabelle 7.6 dargestellten Formeln berechnet.

Tabelle 7.6 Berechnung der Kenngrößen

Kenngröße des Messsystems	Symbol mit Formel zur Berechnung der Kenngröße
kombinierte Messunsicherheit	$u_{MS} = \sqrt{u_{CAL}^2 + u_{EVR}^2 + u_{BI}^2}$
erweiterte Messunsicherheit	$U_{MP} = 2 \cdot u_{MS}$
Eignungskennwert	$Q_{MS} = \frac{2 \cdot U_{MS}}{TOL} \cdot 100\%$
minimale Toleranz	$TOL_{MIN-UMS} = \frac{2 \cdot U_{MS}}{Q_{MS\,max}} \cdot 100\%$

In der Vorserienphase sollte die Messsystemeignung bei Karosserieteilen mit drei Vorserienteilen und je zehn Wiederholmessungen durchgeführt werden. Die Kalibrierung der dazu genutzten Bauteile kann vor oder nach den Wiederholmessungen auf einer Koordinatenmessmaschine erfolgen. Empfohlen wird die Messsystemeignung mit und ohne Einfluss der Aufspannung und Zuführung durchzuführen. So wird es möglich, den Einfluss der Aufspannung und Zuführung auf die Messunsicherheit separat zu betrachten. Auf das Verfahren zur Bestimmung der Messsystemeignung ohne Berücksichtigung von Aufspannung und Zuführung kann aus wirtschaftlichen Gründen verzichtet werden.

Die Kalibrierung der Vorserienteile kann vor oder nach der Durchführung der Messreihen in der Fertigungslinie erfolgen. Dabei muss aber sichergestellt sein, dass der Transport keine Auswirkungen auf Messgrößen hat. Da die Vorserienteile sich häufig von den Serienteilen unterscheiden, kann es zweckmäßig sein, den Eignungsgrenzwert zu verkleinern. Im VDA Band 5.1 werden allerdings keine Empfehlungen gegeben, in welchem Verhältnis der Eignungsgrenzwert verschärft werden sollte.

In der Serienphase wird empfohlen, die Messsystemeignung mit kalibrierten Serienteilen durchzuführen oder aber den Eignungswert Q_{MS} (mit Berücksichtigung von Aufspannung und Zuführung) der Vorserie zu übernehmen. Die Durchführung erfolgt wie bei der Vorserienphase beschrieben.

Die Berechnungen der Einflussgrößen in der Serienphase erfolgen entsprechend der Empfehlungen des VDA-Band 5 nach den in Tabelle 7.7 dargestellten Formeln.

Tabelle 7.7 Berechnung der Einflussgrößen in der Serienphase

Einflussgröße auf die Unsicherheit des Messsystems	Symbol mit Formel zur Berechnung der Standardunsicherheit
Kalibrierunsicherheit	$u_{CAL} = \sqrt{u_{Gi}^2 + u_{Li}^2}$
systematische Messabweichung	$u_{BI} = \max.\left\{\frac{BI_i}{\sqrt{3}}\right\}$
Wiederholbarkeit am Normal (kalibriertes Bauteil)	$u_{EVR} = \max.\{s_{gi}\}$

Mit den Werten der Einflussgrößen werden die Kenngrößen nach den in Tabelle 7.8 dargestellten Formeln berechnet.

Tabelle 7.8 Berechnung der Kenngrößen in der Serienphase

Kenngröße des Messsystems	Symbol mit Formel zur Berechnung der Kenngröße
kombinierte Messunsicherheit	$u_{MS} = \sqrt{u_{CAL}^2 + u_{EVR}^2 + u_{BI}^2}$
erweiterte Messunsicherheit	$U_{MP} = 2 \cdot u_{MS}$
Eignungskennwert	$Q_{MS} = \frac{2 \cdot U_{MS}}{TOL} \cdot 100\%$
minimale Toleranz	$TOL_{MIN-UMS} = \frac{2 \cdot U_{MS}}{Q_{MS\,max}} \cdot 100\%$

Ermittlung der Messprozesseignung

In der Vorserienphase werden zur Ermittlung der Messprozesseignung Q_{MP} zehn Wiederholmessungen an drei Vorserienteilen empfohlen. Die Vorserienteile sollten weitestgehend identisch mit den späteren Serienteilen sein und die ausgewählten Merkmale möglichst die Toleranzbereiche abdecken. Wichtig ist die Durchführung von mindestens 30 Messungen. Es kann auch eine höhere Anzahl von Vorserienteilen (beispielsweise

7.7 Exkurs: Messunsicherheitsbetrachtungen in der Inline-Messtechnik (VDA 5.1)

10) mit weniger Wiederholmessungen (beispielsweise 3) gewählt werden. Einflüsse, die nicht durch den Versuchsaufbau und -ablauf abgedeckt sind, müssen entsprechend VDA 5 in der Berechnung berücksichtigt werden. Das gilt besonders für den Temperatureinfluss. Während der Wiederholmessungen müssen die Bauteile jedes Mal neu aufgespannt, zu- und ausgeführt werden, um den späteren Ablaufbedingungen weitestgehend zu entsprechen.

Die Messprozesseignung in der Serienphase ähnelt dem Ablauf in der Vorserienphase, allerdings sollen mind. 15, optimal 25 Serienteile eingesetzt werden, die zu verschiedenen Zeitpunkten der laufenden Fertigung zu entnehmen sind. Diese sind dann einmal in der Linie zu messen und anschließend auf der Koordinatenmessmaschine zu kalibrieren. Die Kalibrierergebnisse werden für die Auswertung wie Wiederholmessungen betrachtet. Die sich daraus ergebende Wiederholbarkeit am Prüfobjekt u_{EVO} und deren Wechselwirkungen u_{IAi} werden nach der ANOVA-Methode ermittelt.

Die Standardunsicherheiten der Einflussgrößen werden gemäß den Formeln von Tabelle 7.9 berechnet.

Tabelle 7.9 Berechnung der Standardunsicherheiten der Einflussgrößen

Einflussgröße auf die Unsicherheit des Messprozesses	Symbol mit Formel zur Berechnung der Standardunsicherheit	
Kalibrierunsicherheit	$u_{CAL} = \max . \left\{ \sqrt{u_{Gi}^2 + u_{Li}^2} \right\}$	Messsystem
systematische Messabweichung	$u_{BI} = \max . \left\{ \frac{BI_i}{\sqrt{3}} \right\}$	
Wiederholbarkeit am Normal (kalibriertes Bauteil)	$u_{EVR} = \max . \{s_{gi}\}$	
Wiederholbarkeit am Prüfobjekt (nichtkalibrierte Vorserienbauteile)	u_{EVO} Berechnung mit ANOVA; siehe Kapitel 6.4 und 7.3	
Wechselwirkungen	u_{IAi} Berechnung mit ANOVA; siehe Kap. 6.4 und 7.3	
Temperatureinfluss	u_T siehe Kapitel 7.3 sowie VDA 5 und VDA 5.1	
sonstige Einflüsse	u_{Rest} siehe Kapitel 7.3 sowie VDA 5 und VDA 5.1	

Die Eignungskennwerte für den Messprozess werden aus den Standardunsicherheiten de einzelnen Einflussgrößen mit den Formeln aus Tabelle 7.10 berechnet.

Tabelle 7.10 Berechnung der Eignungskennwerte für den Messprozess

Kenngröße des Messprozesses	Symbol mit Formel zur Berechnung der Kenngröße
kombinierte Messunsicherheit	$u_{MP} = \sqrt{u_{CAL}^2 + \max\{u_{EVR}^2; u_{EVO}^2\} + u_{BI}^2 + u_T^2 + u_{IAi}^2 + u_{Rest}^2}$
erweiterte Messunsicherheit	$U_{MP} = 2 \cdot u_{MP}$
Eignungskennwert	$Q_{MP} = \frac{2 \cdot U_{MP}}{TOL} \cdot 100\%$
minimale Toleranz	$TOL_{MIN-UMP} = \frac{2 \cdot u_{MP}}{Q_{MP\,max}} \cdot 100\%$

Nach der Freigabe der Inline-Messsysteme sind in regelmäßigen Abständen Zwischenprüfungen zur Sicherstellung der Messbeständigkeit und -prozesseignung durchzuführen.

7.7.2 Praxisorientierte Erklärungen

Der Teil II des Bands enthält einige interessante Aspekte zur Beachtung von Einflussgrößen und zur Bestimmung von Messunsicherheitsbeiträgen. Gerade bei nicht ‚unendlich starren' Werkstücken wie Karosserieteilen kann es durch den Transport zu Veränderungen kommen. Diese können nur durch zusätzliche Messungen ausgeschlossen werden oder müssen auf Basis der Auswertungen in die Berechnung der kombinierten Messunsicherheit mit einfließen.

Für die Kalibrierung von Karosseriebauteilen auf Koordinatenmessgeräten wird ein vereinfachtes Verfahren zur Bestimmung der Messunsicherheit vorgeschlagen. Dazu wird die Messunsicherheit eines Merkmals als eine Zusammensetzung aus zwei Anteilen, der globalen und der lokalen Unsicherheit betrachtet. Die globale Messunsicherheit gilt es, unter Verwendung von der maximal zulässigen Längenmessabweichung *MPE*$_E$ entsprechend DIN EN ISO 10360-2 abzuschätzen. Die lokale Messunsicherheit wird durch Messungen an einem Normal in Anlehnung an die DIN EN ISO 15530-3 bestimmt.

7.8 Literatur

Deutsche Gesellschaft für Qualität (Hg.) (2003): Prüfmittelmanagement. Planen, Überwachen, Organisieren und Verbessern von Prüfprozessen, 2. Auflage. Berlin: Beuth (DGQ-Band 13-61).

Dietrich, Edgar und *Schulze, Alfred* (2014): Eignungsnachweis von Prüfprozessen. *Prüfmittelfähigkeit und Messunsicherheit im aktuellen Normenumfeld.* 4., überarbeitete Auflage. München, Wien: Hanser.

DIN V ENV 13005 [GUM]: Leitfaden zur Angabe der Unsicherheit beim Messen. Deutsche Fassung ENV 13005:1999. Ausgabedatum 1999-06. Berlin: Beuth.

DIN EN ISO 14253-1: Geometrische Produktspezifikationen (GPS) – Prüfung von Werkstücken und Messgeräten durch Messen – Teil 1: Entscheidungsregeln für den Nachweis von Konformität oder Nichtkonformität mit Spezifikationen (ISO 14253-1:2013); Deutsche Fassung EN ISO 14253-1:2013. Ausgabedatum: 2013-12. Berlin: Beuth.

ISO 22514-7:2012-09: Statistical methods in process management – Capability and performance – Part 7: Capability of measurement processes. First edition 2012-09-15. Berlin: Beuth.

[MSA4] *AIAG* (2010): *Measurement Systems Analysis.* Reference Manual. 4th ed. A. I. A. G. Chrysler Group LLC; Ford Motor Company; General Motors Corporation. Detroit, Michigan, USA.

[VDA 5a] *Verband der Automobilindustrie (Hg.)* (2003): Prüfprozesseignung. *Verwendbarkeit von Prüfmitteln, Eignung von Prüfprozessen, Berücksichtigung von Messunsicherheiten.* Oberursel: Verband der Automobilindustrie (Qualitätsmanagement in der Automobilindustrie, 5).

[VDA 5b] *Verband der Automobilindustrie (Hg.)* (2011): Prüfprozesseignung. Eignung von Messsystemen, Eignung von Mess- und Prüfprozessen, erweiterte Messunsicherheit, Konformitätsbewertung. 2. vollständig überarbeitete Auflage 2010, aktualisiert Juli 2011. Berlin: Verband der Automobilindustrie (VDA), Qualitätsmanagement Center (QMC) (Qualitätsmanagement in der Automobilindustrie, Band 5).

[VDA 5.1] *Verband der Automobilindustrie (Hg.)* (2013): Rückführbare Inline-Messtechnik im Karosseriebau. *Ergänzungsband zum VDA Band 5, Prüfprozesseignung.* 1. Auflage. Berlin: Verband der Automobilindustrie (VDA), Qualitätsmanagement Center (QMC) (Qualitätsmanagement in der Automobilindustrie, 5.1).

Literatur

Adunka, Franz (2007): Messunsicherheiten. Theorie und Praxis. 3. Auflage. Essen: Vulkan-Verlag.

[DaimlerChrysler] *QM-Werk Untertürkheim (Hg.)* (2007): Eignungsnachweis von Prüfprozessen. Leitfaden LF 5, Version 2007/1, Berlin, Hamburg, Untertürkheim: DaimlerChrysler AG.

[DAkks-DKD-5] *Deutsche Akkreditierungsstelle GmbH (Hg.)* (2010): Anleitung zum Erstellen eines Kalibrierscheines. 1. Neuauflage. Braunschweig. *(http://www.dakks.de/sites/default/files/dakks-dkd-5_20101221_v1.2.pdf Stand: 10.03.2015).*

Deutsche Gesellschaft für Qualität (Hg.) (2003): Prüfmittelmanagement. Planen, Überwachen, Organisieren und Verbessern von Prüfprozessen, 2. Auflage. Berlin: Beuth (DGQ-Band 13-61).

Deutsche Gesellschaft für Qualität e.V. (Hg.) (2012): Managementsysteme – Begriffe. 10. Auflage. Berlin: Beuth (= DGQ-Band 11-04).

Dietrich, Edgar; und Schulze, Alfred (2014): Eignungsnachweis von Prüfprozessen. *Prüfmittelfähigkeit und Messunsicherheit im aktuellen Normenumfeld.* 4., überarbeitete Auflage. München, Wien: Hanser.

DIN 1319-1: Grundlagen der Messtechnik – Teil 1: Grundbegriffe. Ausgabedatum: 1995-01. Berlin: Beuth.

DIN 32937: Mess- und Prüfmittelüberwachung – Planen, Verwalten und Einsetzen von Mess- und Prüfmitteln. Ausgabedatum: 2006-07. Berlin: Beuth.

DIN EN ISO 10012: Messmanagementsysteme – Anforderungen an Messprozesse und Messmittel (ISO 10012:2003); Dreisprachige Fassung ENISO 10012:2003. Ausgabedatum: 2004-03. Berlin: Beuth.

DIN EN ISO 14253-1: Geometrische Produktspezifikationen (GPS) – Prüfung von Werkstücken und Messgeräten durch Messen – Teil 1: Entscheidungsregeln für die Feststellung von Übereinstimmung oder Nichtübereinstimmung mit Spezifikationen (ISO 14253-1:1998); Deutsche Fassung EN ISO 14253-1:1998. Ausgabedatum: 1999-03. Berlin: Beuth.

DIN EN ISO 14253-1, Bbl 1: Geometrische Produktspezifikation (GPS) – Prüfung von Werkstücken und Messgeräten durch Messungen – Leitfaden zur Schätzung der Unsicherheit von

GPS-Messungen bei der Kalibrierung von Messgeräten und bei der Produktprüfung (ISO/TS 14253-2 :1999). Ausgabedatum: 2000-05. Berlin: Beuth.

DIN EN ISO 9000*: Qualitätsmanagementsysteme – Grundlagen und Begriffe (ISO 9000:2005); Dreisprachige Fassung ENISO 9000:2005. Ausgabedatum: 2005-12. Berlin: Beuth.

DIN EN ISO 9000 Entwurf*: Qualitätsmanagementsysteme – Grundlagen und Begriffe. Ausgabedatum: 2014-08. Berlin: Beuth.

DIN EN ISO 9001:2008*: Qualitätsmanagementsysteme – Anforderungen (ISO 9001:2008); Dreisprachige Fassung. Ausgabedatum 2008-12. Berlin: Beuth.

DIN EN ISO 9001 Entwurf*: Qualitätsmanagementsysteme – Anforderungen (ISO 9001:2008); (deutsch/englisch). Ausgabedatum 2014-08. Berlin: Beuth.

DIN ISO 5725-1: Genauigkeit (Richtigkeit und Präzision) von Messverfahren und Messergebnissen – Teil 1: Allgemeine Grundlagen und Begriffe (ISO 5725-1:1994). Ausgabedatum: 1997-11. Berlin: Beuth.

DIN ISO 5725-2: Genauigkeit (Richtigkeit und Präzision) von Messverfahren und Messergebnissen – Teil 2: Grundlegende Methode für Ermittlung der Wiederhol- und Vergleichpräzision eines vereinheitlichten Messverfahrens (ISO 5725-2:1994 einschließlich Technisches Korrigendum 1:2002). Ausgabedatum: 2002-12. Berlin: Beuth.

DIN ISO 5725-3: Genauigkeit (Richtigkeit und Präzision) von Messverfahren und Messergebnissen – Teil 3: Präzisionsmaße eines vereinheitlichten Messverfahrens unter Zwischenbedingungen (ISO 5725-3:1994 einschließlich Technisches Korrigendum 1:2001). *Ausgabedatum: 2003-02.* Berlin: Beuth.

DIN ISO 5725-4: Genauigkeit (Richtigkeit und Präzision) von Messverfahren und Messergebnissen – Teil 4: Grundlegende Methoden für die Ermittlung der Richtigkeit eines vereinheitlichten Messverfahrens (ISO 5725-4:1994). Ausgabedatum: 2003-01. Berlin: Beuth.

DIN ISO 5725-5: Genauigkeit (Richtigkeit und Präzision) von Messverfahren und Messergebnissen – Teil 5: Alternative Methoden für die Ermittlung der Präzision eines vereinheitlichten Messverfahrens (ISO 5725-5:1998). Ausgabedatum: 2002-11. Berlin: Beuth.

DIN ISO 5725-6: Genauigkeit (Richtigkeit und Präzision) von Messverfahren und Messergebnissen – Teil 6: Anwendung von Genauigkeitswerten in der Praxis (ISO 5725-6:1994 einschließlich Technisches Korrigendum 1:2001). Ausgabedatum: 2002-08. Berlin: Beuth.

DIN SPEC 1115: Qualitätsmanagementsysteme – Besondere Anforderungen bei Anwendung von ISO 9001:2008 für die Serien- und Ersatzteil-Produktion in der Automobilindustrie (DIN ISO/TS 16949). Ausgabedatum: 2009-11. Berlin: Beuth.

---

* Dieses Buch berücksichtigt alle Änderungen der Revision von 2015, die von der DGQ intensiv begleitet wurde. Korrekterweise wird hier aus den offiziell als „draft international standard" herausgegebenen DIN EN ISO 9001 Entwurf:2014-08 und DIN EN ISO 9000 Entwurf:2014-08 zitiert, die zum Zeitpunkt der Drucklegung die aktuellste offiziell veröffentlichte Version waren.

DIN V ENV 13005 [GUM]: Leitfaden zur Angabe der Unsicherheit beim Messen. Deutsche Fassung ENV 13005:1999. Ausgabedatum 1999-06. Berlin: Beuth.

[DKD-3] *Akkreditierungsstelle des Deutschen Kalibrierdienstes; Physikalisch-Technische Bundesanstalt* (2002): Angabe der Messunsicherheit bei Kalibrierungen. *Ausgabe 01/1998.* Braunschweig: DKD. *(http://www.dkd.eu/dokumente/Schriften/dkd_3.pdf Stand: 10. 03. 2015).*

[DKD-3-E1] *Akkreditierungsstelle des Deutschen Kalibrierdienstes (Hg.)* (2002): Angabe der Messunsicherheit bei Kalibrierungen. Ergänzung 1. Beispiele. *Ausgabe 10/1998.* Braunschweig: DKD. *(http://www.dkd.eu/dokumente/Schriften/dkd_3_erg_1.pdf Stand: 10. 03. 2015).*

[DKD-3-E2] *Deutsche Akkreditierungsstelle GmbH (DAkkS) (Hg.)* (2010): Angabe der Messunsicherheit bei Kalibrierungen. *Ergänzung 2. Zusätzliche Beispiele.* 1. Neuauflage 2010. Braunschweig: DAkks. *(http://www.dakks.de/sites/default/files/dakks-dkd-3-e1_20100614_v1.0_ 0.pdf Stand: 10. 03. 2015).*

ISO/IEC 17025: Allgemeine Anforderungen an die Kompetenz von Prüf- und Kalibrierlaboratorien. Ausgabedatum: 2005-05.

ISO/TR 10017: Leitfaden für die Anwendung statistischer Verfahren für ISO 9001:2000. Ausgabedatum: 2003-05. Berlin: Beuth.

ISO 14001: Umweltmanagementsysteme – Anforderungen mit Anleitung zur Anwendung. Ausgabedatum: 2004-11. Berlin: Beuth.

ISO 22514-7: Statistical methods in process management – Capability and performance – Part 7: Capability of measurement processes. First edition 2012-09-15. Berlin: Beuth.

ISO/TS 16949: Qualitätsmanagementsysteme – Besondere Anforderungen bei Anwendung von ISO 9001:2008 für die Serien- und Ersatzteil-Produktion in der Automobilindustrie. Ausgabedatum: 2009-06.

ISO 22514-7: Statistical methods in process management – Capability and performance – Part 7: Capability of measurement processes. First edition 2012-09-15. Berlin: Beuth.

[GUM] *Deutsches Institut für Normung; Deutsche Elektrotechnische Kommission* (1999): Leitfaden zur Angabe der Unsicherheit beim Messen = Guide to the Expression of Uncertainty in Measurement = Guide pour l'expression de l'incertitude de mesure. Juni 1999. Berlin: Beuth (Deutsche Normen, DIN V ENV 13005).

[GUM_E] *International Organization for Standardization* (2008): Guide to the Expression of Uncertainty Measurement (GUM: 1995) = Guide pour l'expression de l'incertitude de mesure (GUM: 1995). 1. edition. Geneva: International Organisation of Standardization (ISO-IEC guide, 98-3). *(http://www.bipm.org/utils/common/documents/jcgm/JCGM_100_ 2008_E.pdf Stand 10. 03. 2015).*

[Leitfaden 1999] *Q-DAS GmbH: Leitfaden der Automobilindustrie zum „Fähigkeitsnachweis von Messsystemen".* Birkenau, 1999.

[Leitfaden 2002] Q-DAS GmbH: Leitfaden zum „Fähigkeitsnachweis von Messsystemen" 17. September 2002, Version 2.1

[MSA4] *AIAG* (2010): *Measurement Systems Analysis*. Reference Manual. 4th ed. Detroit, Mich.: DaimlerChrysler; Ford Motor; General Motors.

Pesch, Bernd (2003): Bestimmung der Messunsicherheit nach GUM. *Messunsicherheitseinflüsse, Messunsicherheitsanalyse und -budgets, Verteilungen, Sensitivitätskoeffizienten und Gewichtungsfaktoren, Korrelation, Ergebnisse darstellen, Optimierungspozentiale, Beispiele, ausführliches Glossar*. Norderstedt: Books on Demand (Grundlagen der Metrologie).

[PUMA] *Deutsches Institut für Normung (Hg.)* (2000): Geometrische Produktspezifikation (GPS). *Prüfung von Werkstücken und Messgeräten durch Messungen. Leitfaden zur Schätzung der Unsicherheit von GPS-Messungen bei der Kalibrierung von Messgeräten und bei der Produktprüfung. Beiblatt 1 zu DIN EN ISO 14253-1*. Berlin: Beuth (DIN EN ISO 14253-1 Bbl 1:2000-05).

[QS-9000] *Chrysler Corp., Ford Motor Corp., General Motors Corp.* (1995): Quality Systems Requirements QS 9000. Detroit, Mi.

VDI/VDE 2600 Blatt 1. Prüfprozessmanagement – Identifizierung, Klassifizierung und Eignungsnachweise von Prüfprozessen. *Ausgabedatum: 2013-10*. Berlin: Beuth.

VDI/VDE DGQ 2618 Blatt 1.1: Prüfmittelüberwachung – Anweisungen zur Überwachung von Messmitteln für geometrische Größen – Grundlagen. Ausgabedatum: 2001-12. Berlin: Beuth. (vgl. http://www.vdi.de/technik/fachthemen/mess-und-automatisierungstechnik/richtlinien/vdivdedgq-2618-pruefmittelueberwachung/; Stand 27. 05. 2015)

VDI/VDE DGQ 2618 Blatt 1.2: Prüfmittelüberwachung – Anweisungen zur Überwachung von Messmitteln für geometrische Größen – Messunsicherheit. *Ausgabedatum: 2003-12*. Berlin: Beuth. (vgl. http://www.vdi.de/technik/fachthemen/mess-und-automatisierungstechnik/richtlinien/vdivdedgq-2618-pruefmittelueberwachung/; Stand 27. 05. 2015)

[VDA 5a] *Verband der Automobilindustrie (Hg.)* (2003): Prüfprozesseignung. Verwendbarkeit von Prüfmitteln, Eignung von Prüfprozessen, Berücksichtigung von Messunsicherheiten. Oberursel: Verband der Automobilindustrie (Qualitätsmanagement in der Automobilindustrie, 5).

[VDA 5b] *Verband der Automobilindustrie (Hg.)* (2011): Prüfprozesseignung. Eignung von Messsystemen, Eignung von Mess- und Prüfprozessen, erweiterte Messunsicherheit, Konformitätsbewertung. *2. vollständig überarbeitete Auflage 2010, aktualisiert Juli 2011*. Berlin: Verband der Automobilindustrie (VDA), Qualitätsmanagement Center (QMC) (Qualitätsmanagement in der Automobilindustrie, Band 5).

[VDA 5.1] *Verband der Automobilindustrie (Hg.)* (2013): Rückführbare Inline-Messtechnik im Karosseriebau. Ergänzungsband zum VDA Band 5, Prüfprozesseignung. 1. Auflage. Berlin: Verband der Automobilindustrie (VDA), Qualitätsmanagement Center (QMC) (Qualitätsmanagement in der Automobilindustrie, 5.1).

[VDA 6.1] *Verband der Automobilindustrie (Hg.)* (2010): QM – Systemaudit. *Grundlage DIN EN ISO 9001 und DIN EN ISO 9004-1*, 4. Auflage, 2010). Berlin: Verband der Automobilindustrie (VDA), Qualitätsmanagement Center (QMC) (Qualitätsmanagement in der Automobilindustrie, VDA Band 6: Teil 1).

[VIM] *Brinkmann, Burghart* (2012): Internationales Wörterbuch der Metrologie. *Grundlegende und allgemeine Begriffe und zugeordnete Benennungen (VIM). Deutsch-englische [sic!] Fassung. ISO/IEC-Leitfaden 99:2007. Korrigierte Fassung 2012.* 4 Auflage. Berlin: Beuth.

Index

A

Ableitung
- partielle *90*
Abweichungsdiagramm *145*
Akkreditierung *49*
Akkreditierungsverfahren *55*
Anforderungen
- an den Bearbeiter *113*
ANOVA Analysis of Variance *169, 187*
Ansatz
- prozessorientierter *3*
Arbeitsweise
- strukturierte *87*
ARM Average Range Method *169*

B

Bedarfskalibrierung *42*
Beiträge zur Messunsicherheit
- systematische *91*
- zufällige *91*
Berechnungsformeln
- der Streubreiten *136*
Bereich
- der Nichtübereinstimmung *162*
- der Übereinstimmung *162*
Bereitstellung
- der Prüfmittel *39*
Beschaffung *4*

Bestimmung
- experimentelle *106*
- theoretische *106*
Bewertung
- zurückliegender Ergebnisse *62*
Bezugsgrößen *138*

D

DAkkS-Kalibrierschein *45, 62*
Datensatz
- von Prüfmitteln *36*
Denken in Bereichen *163*
Design of Experiments (DoE) *31*
Deutsche Akkreditierungsstelle (DAkkS) *42*
Deutscher Kalibrierdienst (DKD) *42, 89*
DIN 32937 *69*
DIN EN ISO 14253 *70*
DIN EN ISO 17043 *55*
DIN ISO 5725 *54*
DIN V ENV 13005 (GUM) *89*
Dokumentation
- der Kalibrierergebnisse *62*
Dreieckverteilung *102*

Index

E

Eichung *41*
Eignung
- des Prüfprozesses *24*
Eignungsgrenzwert *185*
Eignungskennwerte *175*
Eignungsprüfung *22*
Eignungsuntersuchung *23, 31*
Einflüsse *88*
- auf Prüfprozesse *26*
Eingangsgrößen *99*
Eingriffsgrenzen *166*
Einstellmeister *121*
Elemente
- der Rückführung *48*
Entwicklung *17*
Entwicklungsphase *4*
Erweiterungsfaktor *105*

F

Fachbegutachter *50*
Fähigkeitskennwert *125*
Fehlerfortpflanzungsgesetz *106*
Fehlergrenzen
- Transformation von *99*
Forderungen
- an die Produkte *31*
- an ein Prüfmittel *21*
Freiheitsgrade *107*

G

Genauigkeitsklasse *20*
Gesamtstreuung *137*
Gewichtungsfaktor *99, 105*
Grauzonen *150*
Grenzwert
- für die Eignung *123, 125*
- für Messprozesseignung *176*
- für Messsystemeignung *176*
Grenzwertdenken *163*
GUM *65, 156, 173, 181*

H

Herstellung *17*
Hypothesentest *151*

I

Identnummer *34, 35, 38*
Infrastruktur
- messtechnische *44*
Inline-Messstationen
- Phasen des Freigabeprozesses von *183*
Inline-Messtechnik *182*
- Berechnung der Einflussgrößen des Messprozesses *187*
- Berechnung der Einflussgrößen des Messsystems *184, 186*
- Berechnung der Kenngrößen des Messprozesses *188*
- Berechnung der Kenngrößen des Messsystems *185, 186*
INTRAC *182*
ISO 10012 *69*
ISO 17025 *43, 63*
ISO 22514-7 *70*
ISO/CD 22514-7 *156*
ISO/TS 16949 *71*

J

Justage *41*

K

Kalibrierfähigkeit *41*
Kalibrieren
- des Prüfmittels *23*
Kalibrierintervall
- dynamisch ermitteltes *39*
- Festlegung des *38*
Kalibrierlaboratorien
- externe *42*
- interne *43*
Kalibrierpflicht *6*

Index

Kalibrierrichtlinien
- der DAkkS *49*
- des VDI *50*
Kalibrierschein *62, 120*
- papierloser *65*
Kalibrierung *40, 88, 120*
- nach Zeitintervallen *38*
- vor Einsatz *38*
Kappa-Koeffizient *151*
Kenngrößen
- für Prüfmittel *20*
Kennzahl ndc *140*
Kennzeichnung
- mit fortlaufender Nummer *35*
Konformität *11, 161*
Konformitätsaussage *6, 34, 61*
Korrektion *125*
Korrekturmaßnahmen *34*
Korrelationsdiagramm *133, 145*
Kreuztabellen *151*
Kriterien
- für die Prüfmittelauswahl *22*

L

Langzeitverhalten *178*
Lehren *149*
Leistungskurve
- des Messsystems *151*
Linearitätsuntersuchung *120, 144, 166*

M

Mehrfachzertifizierung *71*
Merkmale
- metrologische *20*
Merkmalstoleranz *123*
Messabweichung
- systematische *121*
Messergebnis
- vollständiges *88*
Messergebnisse
- ältere *34*
Messgerät
- Auflösung des *119*

Messmanagementsystem *3, 37*
Messmittel *5, 34, 72*
Messprozess
- erweiterte Unsicherheit des *174*
Messsystem
- attributives *150*
- erweiterte Messunsicherheit des *173*
- Unsicherheit eines *171*
Messsystemeignung *184, 185*
Mess- und Prüfmittelüberwachung *72*
Messung *5*
Messunsicherheit *53, 120, 121, 162*
Messunsicherheitsbetrachtung *26*
Messunsicherheitsnachweise *89*
Messverfahren
- einheitliches *54*
Messwerte
- empirische *95*
- Spannweite der *133*
Messwertreihe *122*
Messzyklus *122*
Metrologie *4*
Mittelwert
- arithmetischer *97*
Mittelwert-Spannweiten-Methode *129*
Monitoring *6*
MSA *70, 71, 156, 179, 181*
Musterkalibrierschein *45, 62*

N

Nachweis
- für die Rückführung *45*
Norm
- internationale *9*
Normal *44, 120, 144, 184*
- richtiger Wert des *120*
Normalverteilung *100*
Normen
- internationale *156*
Nummernsysteme
- sprechende *35*

Index

O

Organisation *33*

P

Physikalisch-Technische Bundesanstalt (PTB) *41, 44, 182*
Planen
- des Prüfprozesses *20*

Produktannahmekriterien *4*
Produkteprüfung *88*
Produktion
- Lenkung der *4*

Prozessmodell *11, 88*
Prozessparameter *6*
Prüfmittel *17, 31, 34, 72*
- Forderungen an die *20*

Prüfmittelmanagement *44*
Prüfmittelüberwachung *74*
Prüfmittelverwaltung *36*
Prüfmittelverwaltungssysteme *35*
Prüfprozess *11, 31, 72*
Prüfprozesse
- Eignung der *4*

Prüfung *34*
- vergleichende der Kalibrierlaboratorien *53*

PTB-Schein *44*

Q

QS-9000 *70, 71*
Qualitätsfähigkeitsgrößen *123*
Qualitätsmanagementstandards *69*
Qualitätsmanagementsystem *3, 9*
Qualitätsregelkarte *166*

R

Randomisieren *132*
Rechteckverteilung *101*
Regressionsanalyse *167*
Regressionsgerade
- Gleichungen der *147*

Ressourcen
- zur Überwachung und Messung *33*

Richtlinie DAkkS-DKD-5 *63*
Ringversuch *53, 54*
Rückführung
- messtechnische *44*

S

Schätzwert *97, 99*
Sensitivitätskoeffizient *106, 181*
Signalkennung *151*
Spezifikationstoleranzen *161*
Standardmessunsicherheit *106*
Standardunsicherheit *98*
- Verringern der *98*

Stichprobe *150*
Stichprobenumfang *107*
Störgrößen
- der Prüfprozesse *27*

Streuung *94*
- der Ergebnisse *88*

Streuungsfortpflanzungsgesetz *138*

T

Teilestreuung *137*
Toleranz *120, 128, 180*
Toleranzerweiterung *179*
Transparenz
- des Prüfprozesses *11*

Trapezverteilung *103*

U

Überdeckungswahrscheinlichkeit *105*
Überwachungskriterien *4*
Überwachungsmittel *5*
Umsetzung *84*
Unsicherheitsbudget *110*
Unsicherheitsfortpflanzungsgesetz *94*
Unsicherheitskomponenten *108*
Ursachen für Messunsicherheit *91*
Ursache-Wirkungs-Diagramm *24*
U-Verteilung *104*

V

Validierung *50*
Validierungsbericht *50*
Validierungskriterien *4*
Varianzanalyse *129*
Varianzanalyse (ANOVA) *31*
Varianzen *135*
– Berechnungsformeln der *135*
VDA *70*
VDI/VDE/DGQ-Richtlinie 2618 *74*
Verbesserungsmöglichkeiten
– von Prüfprozessen *28*
Verfahren
– statistisches *69, 115*
– vereinfachtes *109*
Vergleich
– von Studien *141*
Vergleichbarkeit *44*
– der Messergebnisse *87*
Vergleichsstreubreite *137*
Verifizierungskriterien *4*

Vertrauensbereich *107, 123*
Vertrauensniveau *109*
Vorgehen
– analytisches *22*
Vorkenntnisse *181*

W

Wahrscheinlichkeitsverteilung *99*
Warenverkehr *44*
Wechselwirkung *137*
Welch-Satterthwaite-Formel *108*
Werkskalibrierschein *63*
Wiederholstreubreite *136*
Wiederholungsmessungen *122*
Wurzel-n-Gesetz *123*

Z

Zertifizierungsprozess *74*

DGQ – Verstehen. Verbessern. Verantworten.

Erweitern Sie Ihre Kompetenzen!

Entdecken Sie das Weiterbildungsangebot der DGQ.

⊕ **Prüfmittelmanagement**
> Effektives Prüfmittelmanagement
> Prüfmittel kalibrieren, Spezifikationen optimal einhalten, Kundenanforderungen bestmöglich umsetzen

⊕ **Prüfprozesseignung und Messunsicherheit**
> Messunsicherheit korrekt bestimmen und Standardunsicherheitskomponenten nutzen
> Methoden beherrschen, um die Eignung von Prüfprozessen nachzuweisen

Mehr Informationen finden Sie unter
www.dgq.de

Deutsche Gesellschaft für Qualität